生命の意味

― 進化生態からみた教養の生物学 ―

中京大学教授
理学博士

桑村哲生 著

裳華房

Evolutionary Ecological Meaning of Life：
An Introduction to Biology

by

TETSUO KUWAMURA, D.Sc.

SHOKABO

TOKYO

JCOPY 〈(社)出版者著作権管理機構 委託出版物〉

はじめに

　この本は，大学で「教養」としての生物学・生命科学を学ぶ人たちのための教科書として書き下しました．最近は入試の多様化のせいもあって，文科系のみならず医学部や理工系の学部でも，高校のときに「生物」を習わずに入学してくる人がたくさんいます．そこでこの本では，中学までの知識でも理解できるように，できるだけ基礎からやさしく説明することを心掛けました．高校生や，学校を卒業してから何年も経った社会人の方にも理解していただけるだろうと思います．また，高校で生物を習った人にも，生物学は暗記ではなく，考え方こそがおもしろいということを，この本を通じて知っていただければ幸いです．

　私はこの20年あまり，おもに文科系学部の1年生を対象に，教養の「生物学」の講義を担当してきました．その最近の講義内容をもとにまとめたのがこの本です．私の専門は，行動生態学・社会生物学と呼ばれる，生物学の中では比較的新しい分野です．おもな研究対象はサンゴ礁魚類で，実際に海に潜って観察を続けています．講義では昔は生物学のなるべく広い範囲を扱うように心掛けていましたが，最近はむしろ自分の専門分野とその周辺にある程度，絞り込むようにしています．それは，この新しい分野の考え方が生物学においてたいへん重要であるにも関わらず，一般にはまだ十分に普及していないと感じているからです．

　「教養」としての生物学で何を中心に教えるべきかというのは，なかなかむずかしい問題です．たとえば，医学部の学生にとって生物学は，他の生物と比較しながら人体の構造と生命維持のしくみを理解するという面からいえば，専門の基礎となる科目です．一方，彼らが「教養」として身につけるべき生物学は，生命維持のしくみだけではないはずです．少なくとも，人間も生物の1種であり，他の生物とどれくらい共通点があり，どんな関わりをも

って暮らしているかくらいは，だれもが理解しておくべきことではないでしょうか．それは人間の文化や社会や心を理解する際にも役に立ちます．つまり，「教養」としての生物学の目標を，「人間とその環境をより深く理解する」ということにおいて，ここでは分野を絞ることにしました．

　この本の出版にあたり，原稿になんども目を通して細かいミスを指摘してくださった小島敏照さんをはじめ裳華房編集部のみなさんに深く感謝します．

　では，「なぜ地球に生物がいるのか？」をはじめとして，さまざまな生命現象の意味を，進化生態学・社会生物学的視点から考えてみましょう．キーワードは「遺伝子DNA」と「進化」です．

　2001年9月

桑　村　哲　生

目　　次

第1部　なぜ地球に生物がいるのか？

1. 生命とはなにか？
   - 1・1　遺伝子と進化 …………………… 1
   - 1・2　生命＝細胞内化学反応 ………… 2
   - 1・3　生物体の構成物質 ……………… 4
2. 生命の起源
   - 2・1　生命はどこから来たのか？ …… 5
   - 2・2　生命の素材の合成 ……………… 6
   - 2・3　生命の誕生 ……………………… 9
3. 光合成生物の誕生
   - 3・1　エネルギー革命＝光合成 …… 11
   - 3・2　大気汚染と酸素呼吸 ………… 13
4. 種間関係：共生の進化
   - 4・1　食物網と種間競争 …………… 18
   - 4・2　共生関係 ……………………… 20
5. 大絶滅と地球環境の変化
   - 5・1　地質年代と大陸移動 ………… 26
   - 5・2　巨大隕石衝突説 ……………… 31
   - 5・3　人間による環境の変化 ……… 33

第2部　なぜ生物は進化するのか？

6. 遺伝子の構造と起源
   - 6・1　DNAの分子構造 ……………… 35
   - 6・2　どこに何が書いてあるのか？ 37
   - 6・3　タンパク質合成のしくみ …… 40
   - 6・4　遺伝子の起源 ………………… 42
7. 遺伝子の発現と環境条件
   - 7・1　環境条件とオペロン説 ……… 45
   - 7・2　染色体と細胞分化 …………… 46
   - 7・3　相同染色体と優性の法則 …… 49
8. 進化のしくみ：突然変異と自然選択
   - 8・1　進化の具体例 ………………… 51
   - 8・2　遺伝子の突然変異と表現型の変化 ……………………… 53
   - 8・3　自然選択と適応度 …………… 55
9. 種族繁栄論の誤り：子殺しを例に
   - 9・1　ライオンの子殺し …………… 59
   - 9・2　種族繁栄論：同種殺しは異常か？ ……………………… 61
   - 9・3　適応戦略論：子殺しの後に起こること …………………… 63
   - 9・4　種族繁栄論の誤り …………… 65
10. 条件付き戦略と代替戦略
    - 10・1　条件付き戦略：ホンソメワケベラの社会と性 ……… 67
    - 10・2　代替戦略：なわばり雄とスニーカー雄 ……………… 72
11. 種分化と系統樹
    - 11・1　種の起源＝種分化 ………… 75
    - 11・2　系統関係の推定方法 ……… 77
    - 11・3　人類の系譜 ………………… 81

第3部　なぜ性が必要になったのか？

12．無性生殖と有性生殖
 12・1　細菌（バクテリア）の生殖　85
 12・2　ウイルスの増殖　…………　87
 12・3　体細胞分裂と無性生殖　……　91
 12・4　減数分裂と受精　……………　92
 12・5　子の遺伝的多様性　…………　94
13．性の起源
 13・1　有性生殖の起源　……………　96
 13・2　2つの性　………………………　98
 13・3　性を利用するものたち　……　99
14．性決定と環境ホルモン
 14・1　遺伝的性決定　………………　103
 14・2　環境性決定　…………………　105
 14・3　環境ホルモンとはなにか？　106
15．性比の理論
 15・1　性比はなぜ1：1になるのか？　………………………　109
 15・2　かたよった性比　……………　112
16．性差の進化
 16・1　基本性差と二次性差　………　114
 16・2　同性間淘汰：同性間競争　…　115
 16・3　異性間淘汰：配偶者選択　…　116

第4部　なぜ利他的にふるまえるのか？

17．子の保護は誰がすべきか？
 17・1　子の保護の進化　……………　123
 17・2　誰が子育てすべきか？　……　125
 17・3　配偶システムと子の保護　…　129
18．利他行動の進化
 18・1　働きバチの利他行動　………　132
 18・2　血縁選択　……………………　133
 18・3　非血縁個体間の利他行動　…　136
19．協力とゲーム理論
 19・1　タカ・ハトゲーム：闘争か協力か　…………………　139
 19・2　「囚人のジレンマ」ゲーム　144
20．類人猿と人類の社会
 20・1　オランウータンとゴリラの社会　…………………　146
 20・2　チンパンジーとボノボの社会　…………………　147
 20・3　人類社会の起源　……………　151
21．遺伝子と文化
 21・1　文化の起源　…………………　155
 21・2　人間の行動と適応度　………　158
 21・3　遺伝子と文化　………………　162

各章の復習問題　………………………………………………………………　165
参　考　書　……………………………………………………………………　167
索　　引　………………………………………………………………………　169

＜コ ラ ム＞

宇宙における有機物合成　8
化学合成　13
ATPとADP　15
オゾンホール　17
掃除共生　24
プレートテクトニクス　29
CO_2による温暖化　33
遺伝子と表現型　39
メンデルの遺伝の法則　50
表現型が変化しない場合　54
創造説とダーウィンの自然選択説　57
サルの子殺し　61
逆方向の性転換　71

中立説＝中立突然変異遺伝子の
　遺伝的浮動　79
遺伝子組換え　89
エイズウイルスHIVの増殖　100
環境ホルモンの検査方法　108
左右対称性の正確さ　120
なぜ魚では父による保護が多いのか？
　128
ミツバチの血縁度　135
混合戦略と混合戦術と条件付き戦略　143
挨拶としてのセックス　151
ニホンザルの「イモ洗い」文化　156
同性愛の進化　159
遺伝子に操られないために　163

第1部
なぜ地球に生物がいるのか？

1. 生命とはなにか？

　現在の地球には数千万種の生物がすんでいるようです．「ようです」とあいまいに言ったのは，分類学者が名前を付けて論文を発表した種類は，まだ200万種にも達していないからです．しかし，今でも次々と新種が発見され続けていることや，熱帯雨林などまだ十分に調査されていない地域があることから，少なくともその10倍くらいは存在するのではないかと推定されています．

　大はクジラやスギの巨木，小は大腸菌やウイルスまで，大きさも形も実に多様ですが，これら地球の「生物」に共通した特徴とはいったいなんでしょうか？

1・1　遺伝子と進化

　すべての生物に共通する最も重要な特徴は，「遺伝子」をもち「進化」することです．言い換えると，「自己複製」をくり返しつつ変化していくことです．

　すべての生物は繁殖します．そして，できた子は親に似ています．なぜ似ているのでしょうか？　それは，親のもつ遺伝子のコピーを子が受け継いでいるからです．遺伝子の本体，つまり遺伝情報を蓄えているのは，DNA（デオキシリボ核酸）と呼ばれる高分子化合物です．これこそが生物の本質

です．

　生物が細胞分裂して子を作るときに，あるいは卵や精子を作るときに，DNA分子がコピーされて渡されます．だから親と同じ遺伝情報をもち，同じ性質を表すことが可能になるのです．しかし，たまにはコピーミスも起こります．これが遺伝子の「突然変異」と呼ばれる現象で，DNA分子の構造の一部が変化することによって，親とは異なる性質を表すことがあるのです．こうした新しい遺伝子が後の世代に広がっていくことが，「進化」と呼ばれる現象です．進化のしくみについては後に詳しく説明します．

　遺伝子として用いられる物質は，正確に自己複製できる性質をもったものでなければなりません．でなければ子が親に似ることはないでしょう．しかし，その正確さが完璧であったとしたら，進化は起こらなかったはずです．コピーミスこそが進化の出発点だったのです．

1・2　生命＝細胞内化学反応

　生物のもう1つの特徴について考えてみましょう．生物とは「生きているもの」です．では，「生きている」とはどういう状態をさすのでしょうか？

　生物の体を構成する基本単位は「細胞」です．つまり，細胞膜によって仕切られた小部屋が基本単位であり（ただし，ウイルスは細胞膜構造をもたない：後述），それ1つで体が構成されているものを単細胞生物，たくさん集

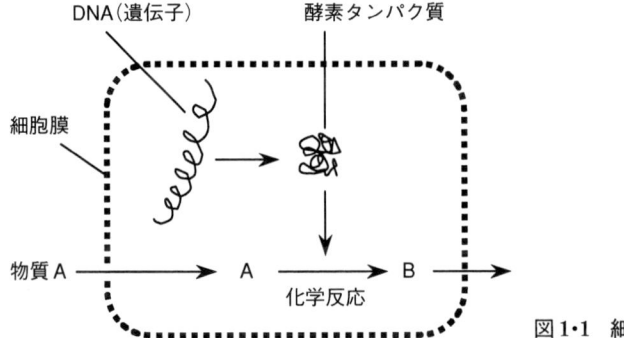

図1・1　細胞の模式図

まってできているものを多細胞生物といいます．細胞膜はタンパク質の分子と脂質の分子が入り組んで構成されており，その重要な特徴は，並んだ分子の隙間から物質が出入りできることです（図1・1）．

なぜ物質の出入りが必要なのでしょう？ それは，「生きる」ために必要なのです．細胞が生きているとは，細胞内で化学反応を行っていることに他なりません．これを「代謝」ともいいます．細胞内で化学反応を行うには，材料を外から取り込み，廃棄物を外に出す必要があります．だから，閉鎖的な箱ではなくて，「膜」構造が必要なのです．

たとえば，人間は呼吸しなければ死んでしまいます．呼吸というのは，外見的には，鼻や口から空気を吸ったり吐いたりする行動です．なんのためにそういう行動をするのかというと，胃や腸で消化・吸収した食べ物を細胞内でさらに分解してエネルギーを取り出すためなのです．まず，吸った空気が肺にとどくと，空気に含まれていた酸素が血液中の赤血球に取り込まれ（赤血球中のヘモグロビンと結合し），体中の各細胞まで運ばれていきます．そして，細胞膜を通過して入り込んだ酸素が，細胞内でブドウ糖（グルコース：炭水化物，たとえば米やイモを消化するとブドウ糖になります）などの分解反応に利用されるのです．そして，その反応過程で副産物としてできた二酸化炭素が，細胞膜を通って出ていき，血液に運ばれて肺に至り，呼気とともに排出されるのです．

ところで，細胞内で化学反応を進める際に，1つ困ったことがあります．化学反応を進行させるにはエネルギーが必要です．たとえば，理科の実験で2種類の薬品をビーカーに入れて反応させるとき，ただ混ぜ合わせるだけでは反応が進まないので，ガスバーナーなどで熱することがあります．つまり，熱エネルギーで化学反応を進めるわけです．ところが，生物をガスバーナーであぶれば，もちろん死んでしまいます．それは，細胞膜を構成するタンパク質などが熱に弱いからです．ですから，細胞内では熱エネルギーは使えません．実は，実験室でも加熱する代わりに，第3の物質を加えることがあります．これは「触媒」と呼ばれ，他の物質どうしの反応を促進する働き

をもった物質です．そう，細胞内化学反応でも触媒が利用されているのです．それは「酵素」と呼ばれる一群のタンパク質であり，化学反応の種類数だけ酵素タンパク質の種類があるのです．

つまり，「生きている」とは，細胞内で酵素タンパク質が働いて，さまざまな化学反応が進行している状態のことなのです．

1・3　生物体の構成物質

これまで述べた生物の2つの特徴から，生物の体を構成する物質として，DNA（遺伝子）とタンパク質（酵素）が必須であることがわかったと思います．実は，DNAに蓄えられている遺伝情報とは，タンパク質を作る設計図なのですが，この両者の密接な関係については後に詳しく説明します．

その他にはどんな物質が含まれているのでしょうか？　まず量的に最も多いのは水（H_2O）です．海に浮かんでいるクラゲなどは99％が水分だし，人間でも体重の70％を占めています．水以外にもさまざまな無機物が含まれますが，量的には知れています．

水に次いで量的に多いのはタンパク質で，乾燥重量の50％くらいを占めています．その他の有機物としては，脂質や炭水化物があります．炭水化物は私たちが食料にしている米やイモの主成分ですが，その分子を構成する元素は，炭素（C），水素（H），酸素（O）のたった3種類だけです．他の有機物もこれら3種の元素が主成分で，タンパク質にはさらに窒素（N）が，脂質の一部やDNAにはリン（P）も含まれています（表1・1）．

表1・1　生命体のおもな構成物質とその構成元素

無機物：水（H_2O）
有機物：タンパク質（C, H, O, N）
脂質（C, H, O；P, N）
炭水化物（C, H, O）
核酸（C, H, O, N, P）

地球に存在する元素は90種類ほど知られていますが，そのうち生物の体に含まれるのは約30種類です．しかもC，H，O，Nの4種類だけで99％（水を除いた乾燥重量でも90％以上）を占めています．生物の体はずいぶん偏った物質構成になっているのです．

2. 生命の起源

まずはじめに，どのようにして生物がこの地球上に誕生したのかを検討してみましょう．

2・1　生命はどこから来たのか？

地球上の生命は宇宙からやって来たという説がありました．しかし残念ながら，地球以外の宇宙に生物が存在することの確実な証拠を，われわれはまだもっていません．火星由来の隕石に微生物が生存した痕跡が確認された，というNASA（アメリカ航空宇宙局）の発表がありましたが，これもまだ決着がついていません．もちろん，UFO（未確認飛行物体）が「宇宙人」の乗った飛行船であることが科学的に証明されているわけではありません．

宇宙から生物がやって来た可能性を100％否定することはできません．しかし，地球上で生命が誕生した可能性のほうが高いと考えられています．いずれにしても，生命の起源の問題は宇宙の起源までさかのぼる必要があります．

最近の宇宙物理学の理論によると，今から約140億年ほど前にビッグバンと呼ばれる大爆発が起こり，宇宙が誕生したという説が有力なようです．そして，宇宙は膨張しつつ，さまざまな物質を生みだし，星ができていった．地球を含む太陽系ができたのは，今から約46億年前のことです．微惑星が衝突と合体をくり返すうちに，高温の原始地球が形成され，やがて地表の温度が下がり始めると，水蒸気は雨となって地表に降り注ぎ，海ができます．ちなみに，現在の地球では表面積の約70％を海が占めています．

現在までに発見された生物化石のうち最も古いものは，約35億年前に堆積してできた岩石中に含まれていた，細菌（バクテリア）の仲間です．それ以前の原始地球において，生命が誕生する条件があったのでしょうか？　生

命は神秘的ですが，生物の体が物質からできていることは間違いありません。だとすると，生物が存在しないところに生物が誕生する方法はといえば，「生命のない物質から生物ができていく」というプロセスしかありません。つまり，小さくて単純な分子である無機物から，大きくて複雑な分子である有機物が合成され，さらにそれらが集合して細胞ができるというプロセスです。

前章でみたように，生物体を構成するおもな元素はC，H，O，Nの4種類です。まずこれらが存在しなければ話になりません。また，生物を構成するタンパク質などは熱に弱いので，高温のマグマの中で生命が誕生したとは考えられません。しかも生物の体に大量の水が含まれていることを考えると，生物は海の中で誕生したにちがいありません。

2・2　生命の素材の合成

生物にとってとくに重要な物質はDNAとタンパク質でしたが，まずタンパク質を中心にその形成プロセスをみてみましょう。

タンパク質はアミノ酸がたくさんつながった巨大分子です。使われているアミノ酸は20種類ですが，それぞれがC，H，O，Nの4大元素だけからできています。たとえば，最も小さなアミノ酸であるグリシンは図2・1のような分子構造をしています。このようなアミノ酸が自然界で無機物から合成されることがあるのでしょうか。答えはイエスです。大気中や海底で合成反応が起こったと考えられます（図2・2）。

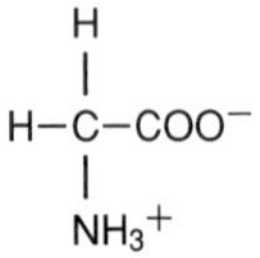

図2・1　グリシン（アミノ酸）の分子構造

2・2・1　無機物から有機物の合成

40数億年前，高温の地表が冷え始めたころの原始大気のおもな成分は，水蒸気（H_2O），二酸化炭素（CO_2），窒素（N_2）などであったと推定されています。現在の大気中で窒素に次いで多い酸素（O_2）は，原始大気にはほとんどありませんでした。酸素がどうして増えてきたかは，また後の章で

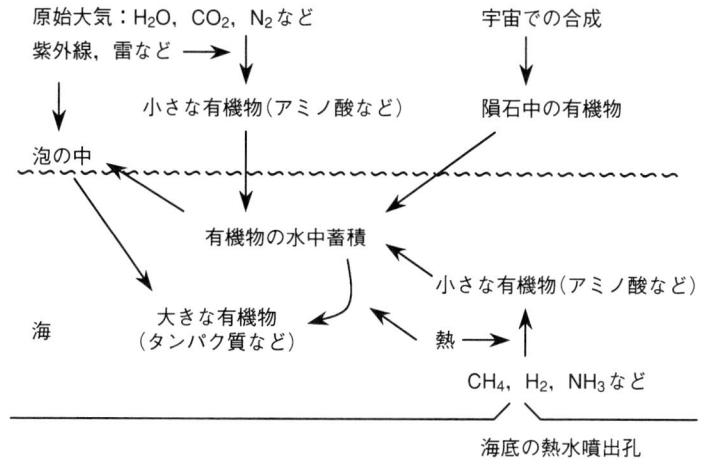

図 2·2 地球上における有機物の合成

説明します．ここでは，原始大気中に含まれていた物質がいずれも，4 大元素のうち 1 種または 2 種からできている無機物であることに注目してください．つまり，アミノ酸などの有機物を作る材料はふんだんにあったのです．

さらに，化学反応の進行にはエネルギーが必要です．大気中のエネルギー源としては，紫外線，宇宙線，雷（放電）などがあげられます．実際に，実験装置の中に原始大気に含まれていたと思われる無機物を閉じ込め，電極を入れて小規模な火花放電を続けることによって，アミノ酸などの簡単な有機物が合成されることが確かめられています．ただし，これらのエネルギーは，合成されたアミノ酸に当たるとそれを分解してしまう作用ももっています．つまり，大気中に存在するかぎり，できては壊れ，できては壊れをくり返すだけです．できたアミノ酸が分解されない安全な場所はないのでしょうか？

2·2·2 海：有機物の蓄積

ここで注目すべきは海です．水は紫外線や電気エネルギーをよく吸収します．つまり，アミノ酸にとって海の中こそが安全な場所だったのです．大気中で合成され，雨粒とともに海に落ちて溜まっていったアミノ酸は，次にお

互いに結合してタンパク質になります。しかし、ここでまた問題があるのです。アミノ酸にとって水の中は安全だけれど、それは分解反応だけでなく合成反応を進めるエネルギーもないということを意味します。だとすると、再び大気中へ出ていくしかない。つまり、海の表面で、波によってできた泡の中で合成反応が進んだと考えられています。そして、できたタンパク質が再び水中に戻って溜まっていくというプロセスがくり返されるのです。

　一方、原始地球の海底には多数の熱水噴出孔がありました。現在でも世界各地で、海底の地殻の裂け目から熱水が噴き出している場所が見つかっています。この熱水噴出孔も有機物の合成に適した場所なのです（図2・2）。まず、メタン（CH_4）、水素（H_2）、アンモニア（NH_3）など4大元素を含む無機物が豊富にあること。そして、合成反応を進めていく熱エネルギーが局所的に存在すること。つまり、地殻の裂け目にしみ込んだ冷海水中の物質が、マグマによって急激に熱せられて合成され、ただちにそこを離れて周囲の冷海水に溶け込めば、できた有機物は分解されずにすむのです。こうして

宇宙における有機物合成

　無機物からアミノ酸などを合成する反応は、原始地球の大気や海底だけでなく、同様の無機物と宇宙線などのエネルギーの存在する宇宙空間でも起こりえます。たとえば火星の大気中でも起こった可能性があります。そして、できたアミノ酸を含んだ隕石が地球に落ちてくることもありうるわけです。実際にアミノ酸を含む隕石が発見されています。そして、原始の地球では、現在よりもずっと頻繁に隕石が衝突していたので、それらが原始の海にどんどんアミノ酸を供給していた可能性があります。つまり、宇宙から生物がやってきた証拠はありませんが、生物を作る材料はやってきたと考えられているのです。

無機物からアミノ酸，さらにタンパク質の合成が進んでいったと考えられます．

2・3　生命の誕生

上記のようなプロセスでタンパク質だけでなくさまざまな有機物が合成され，原始の海に蓄積していきました．いわば，有機物のスープがどんどん濃くなっていったのです．そして次は，いよいよ有機物どうしの集合体の形成です．

有機物の集合に粘土（海底の泥）が役立ったという説があります．粘土は物質を吸着しやすい性質をもっていると同時に，化学反応を進める触媒作用ももっているからです．しかし，そのようにしてできた集合体が，粘土から離れて生活している生物の祖先になったとは考えにくい面があります．

現在みられる生物は（ウイルスを除いて），細胞膜の中にさまざまな物質を閉じ込めています．前述したように，細胞膜を構成するのはタンパク質とリン脂質です．リン脂質の分子は水になじみやすい部分（親水性基）となじみにくい部分（疎水性基）をもつため，集合して「膜球」を作りやすい性質をもっています．たとえば実験室では，タンパク質などの有機物を含むスープに，リン脂質を加えてかき混ぜるだけで，内部に有機物を含む膜球が作り出せるといいます（図2・3）．しかもこの膜

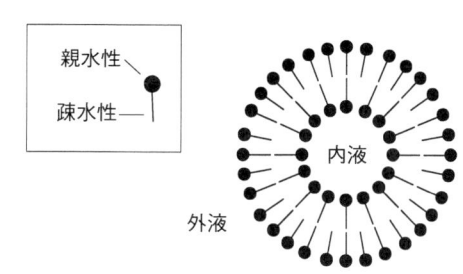

図2・3　リン脂質の二重膜をもった球体

球は周囲の有機物を取り込んで「成長」したり，2つに分裂して「増殖」したりもします．

こうしてできた膜球の中で，タンパク質が酵素として働くと化学反応が進行します．生命活動の開始です．いえ，これを生物と呼ぶのはまだ早すぎま

す．さらに，「遺伝子」として働く物質を細胞内に取り込んで，自己複製を始めたときこそが，生物誕生の瞬間なのです．遺伝子の分子構造とその起源については，後の章で検討することにしましょう．

3. 光合成生物の誕生

　最初の生命が誕生してから，生物の性質はどのように変化してきたのでしょうか．地球上で起こった歴史的に重要なできごとを振り返ってみましょう．

3・1　エネルギー革命＝光合成
　生命を維持するにはエネルギーが必要です．タンパク質やDNAの集合体としてできた最初の生命は，海の中で何を食べて生きていたのでしょうか．それは，もちろん，有機物スープです．水中に溶け込んでいる有機物を細胞膜から取り込んで，それをエネルギーとして成長し，また自己複製して増えていったと考えられます．しかし，増えすぎてしまうと，餌である有機物の量は無限ではありませんから，いつか食料危機が訪れるでしょう．

　35億年前の最古の化石は細菌の仲間であることを先に述べましたが，現生のらん藻（シアノバクテリア＝藍色細菌）と似た形をしています．らん藻は太陽の光エネルギーを利用して，自らの体内で無機物から有機物を合成できます．木や草がやっているような光合成ができるのです．35億年前の化石細菌がどのような方法でエネルギーを獲得していたのかはまだわかっていませんが，比較的早い時期に太陽光という実質的に無限のエネルギーを利用する，いわばエネルギー革命が起こったと考えられています．そして，25億年前ころからは，らん藻が作ったと思われるストロマトライトと呼ばれる堆積物が大量に見つかっています．

　さて，光合成をするためには，まず光を吸収しやすい物質，つまり色素を細胞内に取り込む必要があります．たとえば，クロロフィル（葉緑素）などです．そして，吸収した光エネルギーを動力源として，何段階もの化学反応を進めていくわけですが，それには酵素タンパク質も必要です．

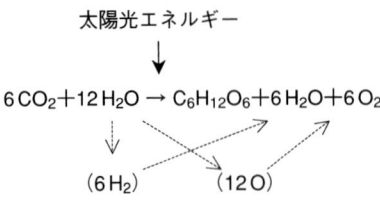

図3・1 光合成の材料と産物

光合成の全プロセスは大変複雑なので、ここでは材料と生産物だけを確認しておきましょう。材料は二酸化炭素CO_2と水H_2Oです。どちらも太古の海に豊富に存在していた無機物です。最終的に合成される最も単純な有機物はブドウ糖（グルコース），そして副産物として水と酸素O_2ができます（図3・1）。反応の収支決算をまとめてみると，

$$6\,CO_2 + 12\,H_2O \rightarrow C_6H_{12}O_6 + 6\,H_2O + 6\,O_2$$

となります。

　要するに、光エネルギーをブドウ糖$C_6H_{12}O_6$の中に蓄える反応だと考えればいいのです。分子量の大きな物質ほど、より多くの化学エネルギーをもちます。こうして自分で有機物を合成できるようになると（これを独立栄養ともいいます），もはや食料危機の心配はなくなります。同時に、有機物に頼るタイプ（従属栄養）の生物も、らん藻の作った有機物を利用することで食料危機を回避できたのです。こうして、地球上の生態系（エコシステム）の基本パタンができあがったのです（図3・2）。すなわち，

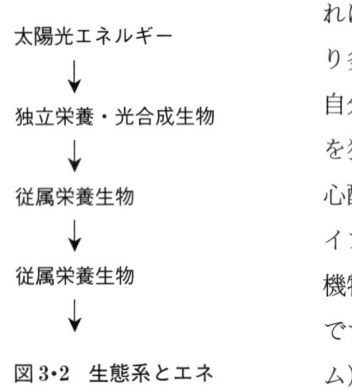

図3・2 生態系とエネルギーの流れ

太陽光エネルギー → 光合成生物 → 従属栄養生物

というエネルギーの流れが自然界にできたのです。つまり、従属栄養生物であるわれわれ人間も、元をただせば「太陽を食べて」生きていることになります。この、無限といってもよい光エネルギーを利用できるようになったことは、地球上の生物の総量（バイオマス）が飛躍的に増大する可能性が保証されたことを意味します。太陽の寿命は約100億年と見積もられていますの

で，まだあと50億年ほどは大丈夫です．

化学合成

　細菌（バクテリア）のなかには，水の代わりに硫化水素 H_2S を使う光合成細菌や，光の代わりに化学エネルギーを使って有機物を合成する化学合成細菌も知られています．後者の多くは，酸素 O_2 を使って無機物を酸化する過程で生じる化学エネルギーを利用しているのです．酸素はらん藻の光合成により放出されたものですから，らん藻の誕生前に酸化型化学合成細菌がいたとは考えられません．

　一方，古細菌と呼ばれるものの中には，酸素のない状態で化学合成ができる種類が知られています．たとえば，メタン菌は二酸化炭素を水素で還元してメタンを合成し，その際に発生するエネルギーで二酸化炭素から有機物の合成を行います．古細菌には高温に強いものもいることから，原始の海の熱水噴出孔周辺でこのタイプの独立栄養生物がまず繁栄した可能性もあります．しかし，いったん光合成生物が出現したら，かれらに勝ち目はありませんでした．光のほうが普遍的なエネルギーだというだけでなく，酸素が問題になってくるのです．

3・2　大気汚染と酸素呼吸

　現在の地球では人間によるエネルギー革命，すなわち化石燃料の大量使用が，深刻な大気汚染を引き起こしています．しかし実は，らん藻によるエネルギー革命も，酸素 O_2 の放出によって，地球規模の水質汚染・大気汚染を引き起こしたのです．すでに原始大気の組成のところで述べたように，O_2 はもともとほとんどなかったのです．それが増えてくるとどうなるのか．次の3つの側面で生物に大きな影響を及ぼしました．

3・2・1　嫌気性細菌の絶滅

まず，細菌のなかには酸素のないところでしか生きていけない，嫌気性細菌と呼ばれるものがいます．かれらは酸素の増加とともに絶滅し，あるいは生息場所から追いやられていったにちがいありません．かれらにとっては，まさに酸素による環境汚染が起こったのです．酸素の豊富な現在の地球では，嫌気性細菌は泥の中など酸素の届かない特殊な場所にしか生息していません．

3・2・2　酸素呼吸＝第二次エネルギー革命

こうして特殊な場所を除いて，酸素につよい細菌だけが生き残っていきました．やがてそのなかに，積極的に酸素を利用するものが現れました．すなわち，酸素呼吸をする細菌です．呼吸とは，細胞内で有機物を分解してエネルギーを取り出す作業です．酸素がない時代には，当然，無酸素呼吸（無気呼吸）をする細菌しかいませんでした．無酸素呼吸とは，発酵や腐敗と呼ばれている現象のことで，分解産物が人間にとって利用価値のある場合を発酵，有害である場合を腐敗と呼んでいます．では，有機物の分解に酸素を使うかどうかによって，どれほど取り出せるエネルギーがちがってくるのかをみてみましょう．

まず，無酸素呼吸の例として，乳酸菌の行う乳酸発酵をとりあげてみましょう．有機物のブドウ糖が細胞内に取り込まれたとすると，何段階もの化学反応を経て，最終的に乳酸2分子に分解されます．大きな分子を半分にすることによって，その中に蓄えられていた化学エネルギーが取り出せるのです．そのエネルギーはまた別の物質，ATP（アデノシン3リン酸）に蓄えられます（図3・3）．

では，乳酸発酵ではいくつのATPがで

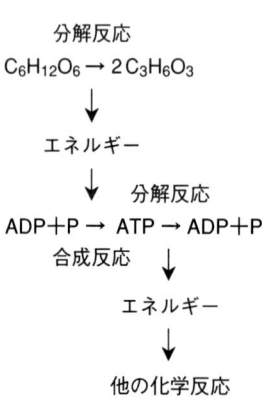

図3・3　呼吸とATP

ATP と ADP

ここで，ATP について説明しておきましょう．ATP はエネルギー通貨とも呼ばれる高エネルギー物質で，細胞内のさまざまな化学反応を進めるエネルギー源として利用されています．ATP はリン酸を 1 つはずす分解反応によって，ADP（アデノシン 2 リン酸）になり，その際に出たエネルギーが化学反応の進行に利用されるのです．呼吸とは，有機物を分解してその化学エネルギーで，ADP にリン酸を 1 つ加えて ATP を合成する作業である，ということができます（図 3・3）．電池にたとえれば，使いきった状態の ADP に充電して ATP にする作業です．当然，たくさんの ATP が充電できたほうがエネルギー効率がよいことになります．

きるのか？ 反応式をまとめてみると，

$$C_6H_{12}O_6 \rightarrow 2\,C_3H_6O_3 + 2\,ATP$$

となり，ブドウ糖 1 分子から，2 分子の ATP ができます．

これを酸素呼吸の場合と比べてみましょう．ブドウ糖を酸素を使って分解すると，複雑なプロセスを経て，最終的に二酸化炭素と水になります．実は，途中までは乳酸発酵とまったく同じ反応が進み，乳酸になる一歩手前のピルビン酸 $C_3H_4O_3$ から，酸素を使った分解が始まるのです．つまり，無酸素呼吸の化学反応プロセスに積み上げる形になっているのです．分解結果を式に表すと，

$$C_6H_{12}O_6 + 6\,O_2 \rightarrow 6\,CO_2 + 6\,H_2O + 38\,ATP$$

となり，光合成の式の逆，あるいは空気中で物を燃やしたとき（完全燃焼）の式と同じであることがわかります．酸素呼吸とは細胞内で有機物を燃やす作業なのです．物を燃やせばエネルギーは熱や光として逃げていきますが，細胞内では ATP に蓄え直すのです．ではいくつの ATP ができるか？ 酸素を使えば，ブドウ糖 1 分子からなんと 38 分子もの ATP が充電できるの

です．乳酸発酵の19倍もエネルギー取り出し効率がよいのです．これは同じ餌を食べて19倍成長できる，あるいは19倍活発に運動できることを意味します．これによって，生物は大型化と活動性を手に入れることができたのです．酸素呼吸の開始は，第二次エネルギー革命といってもよい画期的な出来事だったのです．

3・2・3 オゾン層の形成

酸素の影響の第3番目は，オゾン層の形成です．水中から大気中に出ていった酸素 O_2 は，紫外線などの化学作用によりオゾン O_3 に変化します．地球を取り巻く大気のうち，オゾンの密度の高い層をオゾン層と呼んでいます．現在の地球では，地上25キロメートルあたりを中心として厚さ20キロメートルほどの層になっています（図3・4）．オゾン層には生物に有害な紫外線を吸収する働きがあります．ここがポイントです．

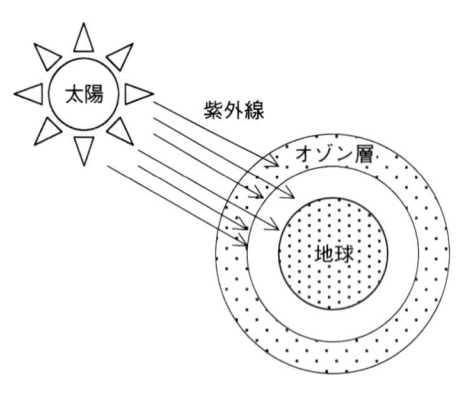

図3・4 オゾン層と紫外線

生命の起源の話を思い出してください．大気中でできた有機物は海の中に溜まり，海の中で生命が誕生しました．言い換えると，水から出ることは生物にとって大変危険なことだったのです．有機物でできた体は，細胞膜も DNA も紫外線によって分解されてしまうからです．実際，生物は誕生してから30億年あまりもの間，海から出て暮らすことはできませんでした．らん藻が増えて酸素をどんどん放出してくれたおかげで，次第にオゾン層が厚くなっていき，今から4億年ほど前のこと，ようやく地上も安全になり，生物の上陸が始まったのです．

化石によると，最初に上陸したのは植物ではシダの祖先，動物では昆虫の

祖先だったようです．やがて，魚類から進化した両生類が，脊椎(せきつい)動物として初めて上陸を果たしました．こうして陸上にも，

　　　光合成植物　→　草食性小動物（昆虫）　→　肉食動物（両生類）

という生態系ができ始めたのです．今でこそ地上の自然というと，森林や草原に花が咲きみだれ，虫や鳥が飛ぶ光景を思い浮かべる人が多いと思いますが，実はたった4億年前までは，草一本生えていないのが陸上の自然だったのです．光合成をするらん藻が地球環境を作り変え，生物のすめる場所を大幅に拡げたのです．

オゾンホール

　近年，オゾンホールという言葉をよく耳にするようになりました．とくに南極など高緯度地域でオゾンが破壊され，濃度が低下していることが観測されています．原因は人間の作った化学物質です．冷蔵庫の冷媒やスプレー，半導体の洗浄などに使われていたフロンガスなどがオゾンを破壊しているのです．このままオゾン層が薄くなっていけば，日光浴なんてとんでもない．4億年前に遡(さかのぼ)って，海の中にしか生物がすめない時代がまたやってきてしまいます．せっかく，30億年もかけて，らん藻が安全な環境を作ってくれたのに．

4. 種間関係：共生の進化

　光合成生物の出現により，食う食われるの関係（食物連鎖）でエネルギーが流れていく生態系が成立しました．と同時に，生態系を構成する生物どうしには，種間競争や共生という関係も生じてきます．

4・1　食物網と種間競争

　ある地域における食物連鎖では，同じ栄養段階に複数の種類が存在することが珍しくありません．たとえば草原には，光合成をする植物が何種類も生えており，それを食べる草食動物もバッタやチョウの幼虫，ウシなど複数の種類がいる．さらにバッタやチョウの幼虫を食べる鳥やトカゲも何種類もいて，それを食べるヘビやタカがいて，…というふうに，同じ植物を何種類もの草食動物が利用し，あるいはある種の鳥が何種類もの昆虫を利用しています．ということは，食物連鎖も1本の鎖ではなくて，何本もの鎖が絡み合ったネットワーク（食物網）になっているのです（図4・1）．

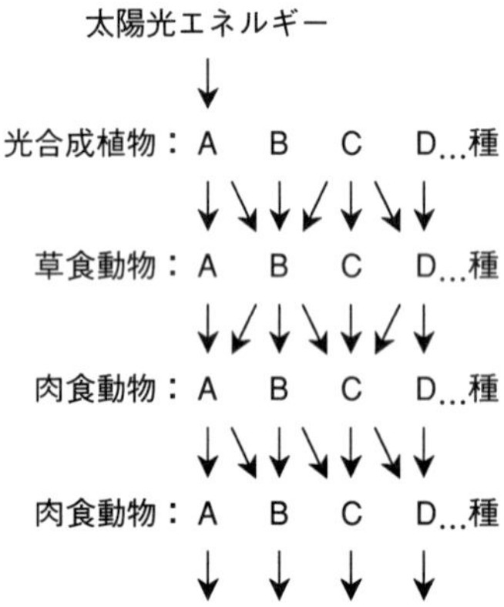

```
       太陽光エネルギー
            ↓
光合成植物： A   B   C   D …種
            ↓ ↓ ↙ ↓ ↓
草食動物：  A   B   C   D …種
            ↓ ↙ ↓ ↘ ↓
肉食動物：  A   B   C   D …種
            ↓ ↙ ↓ ↓ ↓
肉食動物：  A   B   C   D …種
            ↓   ↓   ↓
```

図4・1　栄養段階と食物網

　この同じ栄養段階に所属する種類どうしは競争関係になりやすいと考えられます．たとえば，植物はエネルギー源である光をめぐって競争します．自分の近くに他の木があるかどうかによって，樹木の形は変わっていきます．まわりに邪魔するものがないと，枝を横に広く張る形がより多くの光を受けとめるのには都合がいい．しかし，密度が高いとお互いに邪魔をして横には

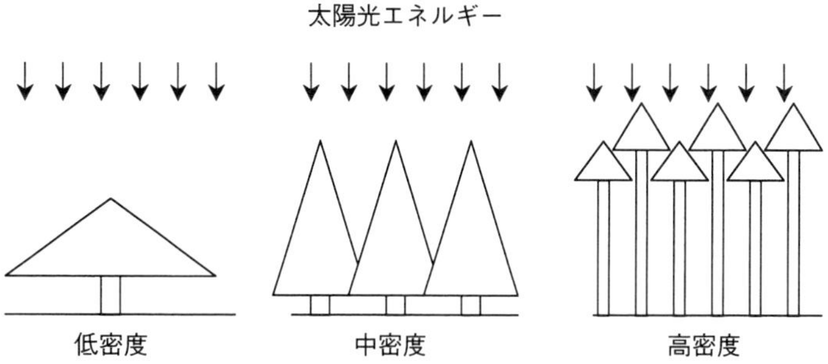

太陽光エネルギー

図4・2 光をめぐる競争と木の形

拡げられず，上へ上へと光を求めて伸びていきます．熱帯の密林では高木は頂上（樹冠）だけに枝を張る形になっています（図4・2）．

　動物の場合は，種間で直接的な攻撃行動がみられることもあります．たとえば，サンゴ礁の海には糸状藻類を食べるスズメダイ科魚類が何種類もいます．それぞれの個体は，食料である藻類を守るための「なわばり」を防衛します．体長10センチほどの魚が，直径1メートルほどの面積を確保できれば，その中の藻類を毎日食べてもまた成長するので食うに困りません．この「畑」に入って藻類を食べようとする魚がいると，それが同種であれ他種であれ攻撃して追い払います（図4・3）．

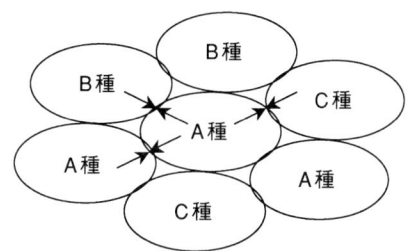

図4・3 藻類食スズメダイ科魚類の種間なわばり

　餌に限らず，同じ資源を利用している種類どうしは競争関係になりやすいのです．もちろん資源が無限にあれば競争する必要はありません．限りある資源をめぐって争いが起こるのです．それが直接的闘争のかたちをとらなくても，結果的に一方の種の絶滅（その地域からの消滅）につながることさえ

あります。たとえば，オーストラリア大陸に昔すんでいたフクロオオカミ（肉食性有袋類）は，原住民の持ち込んだディンゴ（野生化したイヌ）によってその生態的地位を奪われて絶滅したと考えられています。タスマニア島には生き残っていましたが，これもヨーロッパ人の入植後に，ヒツジを襲う害獣として嫌われ，駆除されて絶滅してしまいました。つまり，生物には 2 つの異なるタイプの敵がいることになります。1 つは自分を襲う捕食者，もう 1 つは自分と同じ資源を要求する競争者です。

4・2 共生関係

生物は敵と争っているばかりではありません。協力し共生するという関係もごく一般的にみられます。さまざまなレベルでの共生の例をみておきましょう。

4・2・1 細胞内共生

そもそも動植物の体を構成する細胞自体が共生体であるといわれています。細胞は「核」という構造があるかないかで，原核細胞と真核細胞に区別されます。原核細胞は細菌やらん藻（シアノバクテリア）のもので，遺伝子

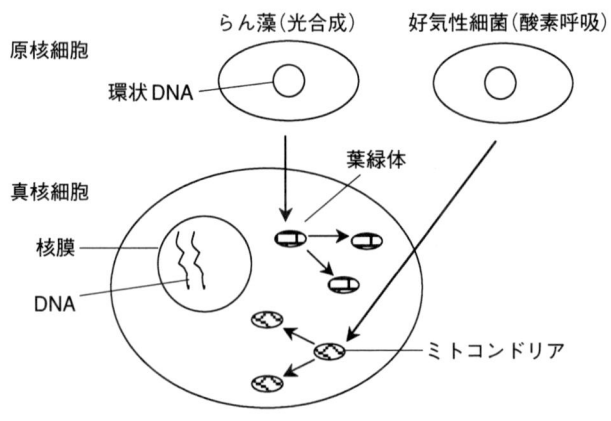

図 4・4　細胞構造と共生進化

をのせたDNA分子が両端がつながった環となって（環状DNA），裸の状態で細胞内に入っています．これに対して，真核細胞では，細胞膜の中にさらに膜状の構造物である核膜があり，この中にDNA分子が何本かの紐に分かれて納められています（図4・4）．さらに真核細胞には，細胞小器官と呼ばれるさまざまな構造物があります．たとえば，酸素呼吸に関係する酵素のつまったミトコンドリアや，植物の細胞では光合成に関係するクロロフィルなどを含む葉緑体などがあります．

この葉緑体やミトコンドリアが，もともとは独立して生活する原核生物であったと考えられているのです．その根拠は，それぞれが独自の環状DNAをもち，真核細胞内で分裂して自己複製できるからです．つまり，光合成をするらん藻（シアノバクテリア）が葉緑体の，また酸素呼吸をする好気性細菌がミトコンドリアの祖先だったと考えられ，それが大型の原核細胞の中に入り込んで共生を始めたのです．小型のらん藻や好気性細菌は大型細胞を隠れ家として利用し，大型細胞のほうはかれらの光合成産物（有機物），あるいは酸素呼吸産物（ATP）を利用できるという，お互いに得をする相利共生関係です．ただし，葉緑体やミトコンドリアがもともともっていたDNAのうち約8割は核内へ移動したとみなされており，今では細胞内での分裂も核内DNAの支配を受けています．したがって，大型細胞がらん藻や好気性細菌を飲み込んで（捕食して），消化せずに「奴隷化」して利用しているという見方もできます．

細胞内共生は葉緑体とミトコンドリアに限った話ではなくて，現在も進行中です．たとえば，マメ科植物の細胞内には根粒菌が入り込みます．この細菌は空中窒素を固定してアンモニアに変えます．植物はそれを利用してアミノ酸など窒素化合物を作っているのです．動物でも，ゴキブリやアブラムシなど昆虫の一部では細胞内に細菌を共生させて，窒素源を供給してもらっています．

4・2・2 体内共生

細胞よりも大きなレベルでも似たようなことが起こっています．多細胞

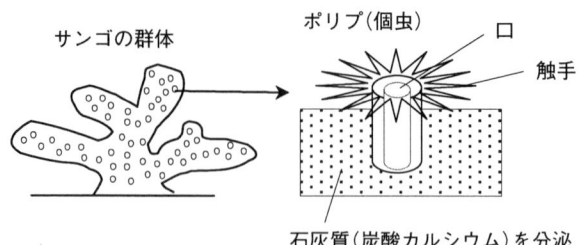

図 4・5 サンゴの群体とポリプ

生物の体内には，まず例外なく他の生物がすんでいるのです．

　サンゴ礁を形成するイシサンゴ類は，イソギンチャクと同じく刺胞動物（腔腸動物）の仲間です．小さなイソギンチャクのようなポリプ（個虫）が分裂をくり返し，それぞれのまわりに炭酸カルシウムを分泌することによって，群体ができあがります（図 4・5）．石灰質の塊に多数の小穴が空き，それぞれにポリプがすんでいるという状態です．ポリプは触手を伸ばして，流れてくるプランクトンや有機物を捕らえて食べます．しかし，それだけでは食っていけず，体内に共生している褐虫藻が光合成して作った有機物に依存しているのです．その証拠に，サンゴの白化現象というのがときどき起きます．水温が高くなりすぎると共生藻がポリプから抜け出し，そのまま戻ってこないとサンゴは死んでしまい，白い石灰質の固まりになってしまうのです．一方，褐虫藻のほうは水中にただよっていると，魚類などに捕食される危険性があります．それよりも，堅い石灰質に保護されたサンゴの体内に入り込んだほうが安全です．片方が隠れ家を，他方が栄養分を手に入れ，お互いに得をする共生です．

　もう 1 つ例をあげてみましょう．シロアリは木材を食べる害虫として知られています．木材の主成分はセルロースですが，シロアリ自身はセルロース分解酵素をもっていません．だったら，食べても消化できないはずです．実はシロアリの腸内には，嫌気性細菌や原生動物などの微生物が多数すんでいて，それらがセルロースを分解してくれるのです．微生物は隠れ家と餌を手

に入れ，シロアリは分解産物を手に入れるという共生関係です．

　シロアリだけではなく，われわれ人間の腸内にも多数の細菌がすんでいます．約100種類，1000億匹もいるそうですが，その中には消化を助けてくれる共生菌もいます．ただし，ふつうの大腸菌のように，とくに害も益ももたらさないものや，たまに入り込んできて毒素を出して悪さをするO157菌のような病原菌もいます．いずれにしても，すべての多細胞生物の体は，そのもの1種類だけで構成されているのではなくて，多数の微生物を含んだ「共生体」なのです．

4・2・3　体外共生

　共生というのは，必ずしも体の中に入り込まなくても成り立つ関係です．それを体外共生と呼ぶことにしましょう．

　多くの植物は，なぜいい匂いのきれいな花を咲かせているのでしょうか？それは私たち人間を楽しませるためではなくて，虫を呼ぶためなのです．たとえば，レンゲの匂いと色に惹かれてやってきたミツバチは，ひとしきり蜜を集めると，他のレンゲへと飛んでいきます（図4・6）．そのときミツバチの体はさっきの花の花粉にまみれています．その花粉が次の花の雌しべについて，受粉が起こります．レンゲは，ミツバチを使って受粉，すなわち繁殖に成功します．このようにハチやチョウなどによって送粉する植物を虫媒花と呼んでいます．これに対して風まかせのものを風媒花といいます．風まかせでは，同じ種類の花の雌しべまでちゃんと届く確率は低いので，大量の花粉を飛ばさなければなりません．たとえば，スギも風媒花ですが，花粉症の原因にもなるわけです．

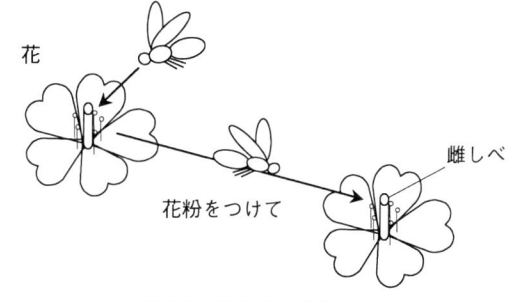

図4・6　花と虫の共生

ふつう，植物は虫などに食われないように，毒性のある物質を生産したり，葉や茎の表面に棘(とげ)を作ったりという工夫をしているのに，虫媒花はわざわざ蜜や花粉を餌として虫に提供しています．さらに，独特の匂いと大きくて派手な色をした花びらで虫をおびき寄せます．これだけの投資をしても，結果として，虫が同じ匂いと色に反応して，確実に同種の花に行ってくれたら，元が取れるのです．虫のほうは，特定の匂いと色に反応する性質をもつことによって，確実に餌にありつけます．こうして，お互いに利益のある共生関係が進化し続けてきたのです．虫が植物にきれいな花を咲かせたといえるのです．

掃除共生

体外共生の例はたくさんありますが，ちょっと変わったところで掃除共生というのを紹介しておきましょう．サンゴ礁の海には，ホンソメワケベラという全長 10 cm ほどの魚がすんでいます．この魚のまわりにはいろいろな種類の魚が集まってきます（図 4・7）．たとえば大きなハタなどもやってきて，口を大きくあけ，背鰭や胸鰭(びれ)を拡げます．ホンソメワケベラはハタの鰭

図 4・7　ハリセンボンを掃除するホンソメワケベラ

や体表を口先でつつき，やがてその口の中まで入り込みます．ハタは魚食性ですが，ホンソメワケベラは食われることなく出てきます．掃除行動をしているからです．つまり，体表や鰭につく寄生虫（ウオジラミなどの甲殻類）をとってやっているのです．

　ホンソメワケベラにとっては寄生虫が餌になります．自分で海底を探し回らなくても，餌を体につけたお客さんが次々に来てくれるので好都合です．一方，お客のほうは健康を手に入れるので，お互いに得をする共生です．ただし，ホンソメワケベラは客のために掃除しているのではなく，あくまでも自分の餌をとるためですから，もし客の体に寄生虫が少ないと，鱗（うろこ）をかじってしまうこともあります．かじられた客は痛くて，びっくりして逃げていきます．しかし，長い目でみたら健康になるので，客は掃除屋のところにまた通い続けるのです．

　共生の例はこれくらいにしておきましょう．共生関係が成立するのは，その当事者双方にとって，1) 餌・栄養の獲得，2) 敵からの保護，そして3) 繁殖，のいずれかの面で利益がある場合です．この現象をみて，生物はお互いに「助け合っている」と表現することもできますが，その本質は，生きていくために，環境要素の1つである他の生物をうまく「利用している」ということなのです．

5. 大絶滅と地球環境の変化

　40億年におよぶ地球上の生物の歴史においては，多くの種類が誕生し，そしてそのほとんどが絶滅してきました．とくに大規模な，地球規模の絶滅が3度記録されています．その原因はなんだったのでしょうか？　また，人間による環境汚染は生態系にどのような影響を与えているのでしょうか？

5・1　地質年代と大陸移動

　過去にどんな生物がすんでいたかは，化石によってしか知ることはできません．化石はふつう，堆積作用により土砂などに生物が埋もれることによってできます．もちろん，下のほうの地層から出てくる化石ほど古い時代のもので，その岩石の形成年代がわかれば，化石になった生物の生きていた時代がわかります．

　これまでに掘り出された化石のデータによると，生物は大小さまざまな規模の繁栄と絶滅をくり返してきたことがわかっています．その化石の変化にもとづいて区切った地球の歴史を地質年代といいます（図5・1）．ここでは，大きな区切りについてだけふれることにしましょう．

5・1・1　化石の変化にもとづく地質年代

　生物が誕生してから約5億6千万年前までは化石は比較的少なく，先カンブリア代と呼ばれています．この時代は，らん藻をはじめとする細菌類な

	35億	5.6億		2.4億		6500万年前
	先カンブリア代	古生代		中生代		新生代
生物化石	少ない → 絶滅	→ 多様化 →	大絶滅	→ 多様化 →	大絶滅	→ 多様化
大陸の数	→ 1	→ 4 →	1	→ 7 →	5	→ 5

図5・1　地質年代と大陸の数

ど，顕微鏡でないと見えない微化石が主体でした．ただし，真核生物は約20億年前にはすでに誕生していたらしく，長さ9cmほどの糸状藻類の化石が見つかっています．約14億年前にはアクリタークスという真核単細胞藻類が出現し，多様化していきますが，約5億6千万年前に急減します．これが最初の大絶滅の記録であるといわれています．

そしてその後，急にさまざまな多細胞動物の化石が出現し始めます．刺胞動物（腔腸動物ともいう．クラゲやイソギンチャク・サンゴの仲間），環形動物（ゴカイやイソメ），節足動物（エビやカニ），棘皮動物（ウニやヒトデやナマコ）など，海産無脊椎動物の主なグループの祖先がいっせいに出現したのです．その後も，たとえば三葉虫（節足動物）やアンモナイト（軟体動物：貝やイカ・タコの仲間）のように，多様化していきます（図5・2）．そして約5億年前には最初の脊椎動物として魚類が出現します．一方陸上では，すでに述べたように，約4億年前から生物がすみ始め，やがてシダ植物の森林が形成されました．

ところが，約2億4千万年前に，500万年ほどかけて大規模な絶滅が起こりました．海洋生物では90％の種が絶滅したという試算もあります．陸上では大型動物として繁栄していた哺乳類様爬虫類の大部分が絶滅しました．

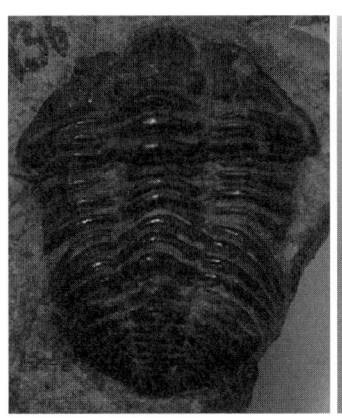

図5・2 三葉虫（左）とアンモナイト（右）（写真提供：大路樹生氏）

一方，陸上植物は急激な変化ではなく，徐々にシダ類から針葉樹などの裸子植物の林に変わっていったようです．この約5億6千万年前から2億4千万年前までを古生代と呼んでいます．

　この大絶滅のあと，海でも陸でも生物は再び回復し始めます．中生代の始まりです．よく知られているように，中生代は恐竜（爬虫類）が大繁栄した時代です．裸子植物は中生代後半になると，被子植物（顕花植物）に次第に入れ代わっていきました．海の中でも，硬骨魚類や，サンゴ類をはじめとする無脊椎動物が再び繁栄します．しかし，約6500万年前，また大絶滅が起こりました．その規模は古生代末よりはましだったようですが，恐竜を完全に絶滅させただけでなく，海の生物にも打撃を与えました．

　そして新生代になると，海でも陸でも再び多様化が始まります．恐竜に代わって大繁栄したのが哺乳類です．その哺乳類のなかから，約500万年前に人類が誕生しました．現在は生物の多様化が続いている時代なのです．

　以上がおおよその歴史ですが，もちろん細かくみると，先カンブリア代，古生代，中生代，新生代の各時代のなかでも，小規模な絶滅が何度も起こっています．つい最近も，といっても1万年ほど前の話ですが，氷河期の終わりとともにマンモスなどの大型哺乳類が絶滅しています．これには人間による狩猟も影響しているという説もありますが．

　人間による影響については，また後で検討することにして，人類登場以前の地球において，生物の多様化と絶滅をもたらした原因はなんだったのでしょうか．まず思い浮かぶのは，地球規模の気候の変化です．それは，地球そのものの動き，すなわち大陸移動という現象と密接に関わっています．

5・1・2　大陸移動と気候変化

　世界地図を，たとえば大西洋を真ん中にした地図を開いてみると，南米大陸の東側の海岸線の形とアフリカ大陸の西側の海岸線の形がなんとなくよく似ています．まるで，もとはくっついていたかのように．実際，そうなんです．大陸はじっとしているのではなく，ゆっくりと動き回っているのです．プレートテクトニクス理論がそのしくみを明らかにしています．プレートと

は板のことです．このプレートの動きによって，大陸は合体と分裂をくり返してきたというのです．

プレートテクトニクス

　地球の中心部は数千度の高熱で，そのまわりをマントルが取り囲み，一番外側が岩石を含む地殻です．地殻は一枚板ではなくて，何枚にも分かれて，モザイク状にマントルの表面に張り付いています．マントルは対流します．地殻付近で冷やされると，地球の中心部に向かって下降し，そこで熱せられると上昇する（図5・3）．このマントルの動きが地殻のプレートを動かし，火山活動や地震を起こすのです．

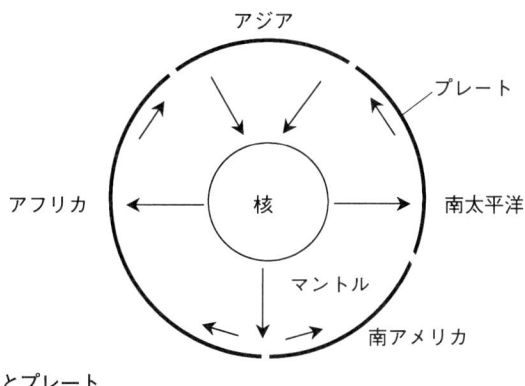

図5・3　地球の構造：マントルとプレート

　たとえば，日本列島は中国大陸とつながったプレートに乗っています．一方，太平洋の海底を構成するプレートは今でも西に向かって動いており，2枚のプレートが日本列島の東側でぶつかっています．2枚の板がぶつかるとどうなるか．太平洋のプレートが海の底に，つまりマントルに潜り込んでいくのです．そこが日本海溝です．したがって，今は太平洋の真ん中にあるハワイ諸島も，何億年かたてば日本のすぐそばまでやってきて，やがて日本海溝の底深くへと潜り込んでしまうかもしれないのです．

では大陸の合体と分裂は，気候とどう関係しているのでしょうか？　おおざっぱにいえば，大陸性気候と海洋性気候のちがいです．大陸内部と比べて海岸部では，気温の変化幅が小さく温暖な気候になります．陸を作る岩や土に比べて，水のほうが比熱が大きい，つまり暖まりにくく冷めにくいからです．大陸が分裂しているときほど，相対的に海洋性気候の支配する地域の割合が大きくなり，温暖になります．逆に大陸が1つに合体すると，大陸性気候が支配する面積が広くなり，厳しい気候になるのです．また，大陸が動き回る間に南極や北極を通過すると，氷河が形成されて寒冷化します．生物にとっては，温暖な時代ほどすごしやすく（繁栄し），厳しく寒冷化した時代に絶滅が起こったと考えられます．

　では過去の大陸の様子はどうだったのでしょうか？　海ができて地表の温度が下がり，マントルの表面に固いプレートができたのが，約40億年前．そして，39億年前にはマントルの動きによって大陸ができ始め，約19億年前には1つの超大陸に合体しました．その後，分裂と合体を約4億年ごとにくり返してきたようです．真核藻類アクリタークスの大絶滅が起こった約6億年前は，ちょうど大陸が合体していた時期に当たります．その後，古生代に入ると大陸は4つに分かれていきますが，後半になって再び合体し始め，古生代末にはパンゲアと呼ばれる1つの超大陸になります．この時期に（約2億4千万年前），史上最大の大絶滅が起こったのです．中生代に入ると再び分裂が始まり7大陸にまで分かれますが，中生代末（約6500万年前）には一部が合体します．このときに恐竜をはじめとする大絶滅が起こっています．その後，新生代になっても動きはあるものの，基本的に5大陸に分裂した状態で今日に至っています．

　さてこのように，大陸の分裂・合体と，生物の多様化・絶滅の時期は，おおよそ一致しているようです．ただし，中生代末の絶滅を除いて．このときは大陸は分裂状態にあったのですから，生物にとっては好適な気候だったはずです．それなのに，なぜ恐竜などが大絶滅してしまったのでしょうか？6500万年前にいったいなにが起こったのか…？

5・2 巨大隕石衝突説

　地球環境の変化をもたらす原因は，地球そのものの活動だけではありません．もし直径 10 キロメートルもある巨大隕石が地球に衝突したとしたら…

　場所はメキシコのユカタン半島．このあたりの 6500 万年前の地層に，直径 200 キロメートルにも達するクレーターの跡が埋もれていることがわかってきました．津波による堆積層も確認されています．巨大隕石衝突説がいよいよ確実になってきたようです．

　直径 10 キロメートルの隕石が衝突したとしたら，そのエネルギーは世界中の核弾頭を集めたエネルギー総量の 1 万倍以上になるといわれています．大爆発により大気も海も地殻も粉々に飛び散り，巨大なキノコ雲が大気層を突き抜ける．爆風・地震・津波．そして高熱の大気と飛び散った火の玉が，二次災害，つまり森林火災を引き起こす．放出された大量の二酸化炭素とスス，そして岩石のチリが大気中に漂い，やがて地球全体をすっぽりと覆ってしまうのです（図 5・4）．

　暗黒の世界，とまではいかなくても，昼間でも月夜程度の明るさしかなかったと推定されています．太陽光エネルギーが届かなくなるのだから，藻類や植物は光合成ができなくなります．また，気温もとくに内陸部では急激に低下したと考えられます．大きめのチリやススは 1 年くらいの間に地表に落ちますが，さらに細かいチリは 10 年間くらい上空にとどまって，太陽光を遮ったと考えられます．

　ここでもう 1 つの証拠を示しておきましょう．世界各地の 6500 万年前の地層には，イリジウムという物質が，他の時代と比べて，高濃度に含まれていることがわかってきました．イリジウムはそもそも地表にはあまり存在しない物質ですが，宇宙物質には地表の 1 万倍も含まれています．つまり，巨

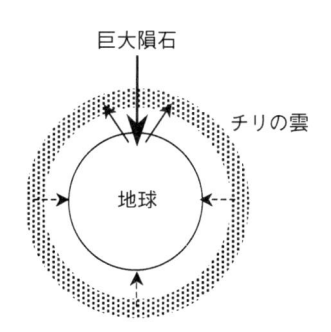

図 5・4 巨大隕石の衝突とチリの雲

大隕石に含まれていたイリジウムが爆発によってチリとなって飛び散り，大気中を漂って地球全体に降り注いだと考えれば，うまく説明がつくのです．

衝突後10年間ほどの冬の時代が終わると，こんどは一転して温暖化が始まります．衝突時の爆発と森林火災によって放出された大量の二酸化炭素が温室効果をもたらすからです．これは，二酸化炭素増加の原因はちがうにしても，まさに現在の地球において問題になっていることと同じです．ついでにいえば，「冬の時代」は，全面核戦争が起こった場合のシミュレーション「核の冬」と同じです．

さて，太陽光が戻ってくると，植物も光合成を再開できます．光合成によって二酸化炭素はどんどん植物に取り込まれ，森林が回復していきます．また，海の中では貝やサンゴが二酸化炭素を取り込み，炭酸カルシウム（貝殻やサンゴの骨格）が形成されます．さらに生物が関与しない無機的な反応によっても化合物の中に取り込まれます．こうして大気中の二酸化炭素の吸収が進み，もとの衝突前の状態に戻るには，数十万年から100万年程度かかっただろうと試算されています．

要するに，隕石の衝突は一瞬だけれど，その地球環境への影響は100万年も続いた可能性があるのです．そして，生物の死因もさまざまであったと考えられます．大爆発や二次火災そのものに巻き込まれたもの．大気汚染物質にやられたもの．急激な気温低下に耐えられなかったもの．光合成ができなくなった植物．それを餌にしていて餓死した恐竜．さらに草食動物を餌としていた肉食の恐竜の餓死．衝突後の10年間（冬の時代）だけでも，これだけのことが起こったと考えられます．さらにその後の温暖化による環境変化に耐えられなかった生物たちも，絶滅していったのです．

恐竜の絶滅後，それに代わって繁栄したのが哺乳類ですが，かれらの祖先はどうして生き延びてきたのでしょうか？　中生代の哺乳類は齧歯類（ネズミ）に似て，小型で夜行性だったといわれています．もともと夜行性なら寒さにも強かったかもしれないし，植物の種子が主食だったとしたら，光合成ができなくなったとしても，すぐに餌不足に陥ることはなかったでしょう．

哺乳類の祖先は，たまたま冬の時代を生き抜く性質をもっていたのです．

5・3　人間による環境の変化

現在の地球の生態系においても，根本的なエネルギー源は太陽光です．光合成生物（藻類・緑色植物）が光エネルギーを取り込んで有機物を合成し，それを，草（藻）食動物が食べ，さらにそれを肉食動物が食べ，さらに大型の肉食動物が… というふうに食物連鎖が続いています．また，死体や落ち葉などの有機物を利用する微生物もいます．こうしてエネルギーは，ある生物から別の生物へと渡っていきます．エネルギーが流れるだけでなく，物質も生態系の中を循環します．われわれ人間の活動もこの生態系から独立したものではありえません．人間も食べ物としてのエネルギー源は，食物連鎖をたどっていけば，太陽光エネルギーに行きつきます．さらにわれわれは，衣食住の材料として他の動植物を直接利用する（＝減少させる）だけでなく，土地開発によってかれらの生息場所を破壊し，また環境汚染物質を生産・放出することによってさまざまな影響を与えているのです．

CO_2 による温暖化

近年，二酸化炭素 CO_2 の増加が問題になっていますが，それは人間が化石燃料の大量消費を始めたせいです．化石燃料とは石炭や石油のことで，これらはまさに過去に生きていた生物の化石，つまり過去の太陽光エネルギーを閉じ込めた物質です．石炭は，古生代から新生代までさまざまな時代に生えていた樹木が，地層中で炭化したもの．石油はおもに海中の微生物に由来すると考えられています．これらを掘り出して燃やせば，当時の生物の体に閉じ込められていた二酸化炭素を現代の大気中に放出することになり，当然，生態系のバランスはくずれます．さらに森林の大規模伐採やサンゴ礁の破壊がすすめば，二酸化炭素は消費されずにますます大気中に溜まることに

なります．そして，温室効果により温暖化がすすんでいくと危惧されています．巨大隕石衝突後，冬の時代に続いて温暖化が起こったように，大きな気候変化と海面の上昇を引き起こすと予想されています．

━━━━━━━━━━━━━━━━━━━━━━━━━━━━━━━━

　環境汚染と生態系との関わりが初めて明確になったのは，水俣病の原因解明をめぐってでした．水俣病は，日本における公害訴訟の代表的なものとしてよく知られています．1953年頃から，熊本県水俣湾沿岸の漁民に原因不明の中枢神経疾患が多発しました．飼い猫やカラスにも似たような神経麻痺がみられました．およそ10年後の1965年になると，新潟県阿賀野川下流域にすむ人たちにまったく同様の症状が出始めました．

　原因は有機水銀（メチル水銀）による中毒でした．いずれの地域でも海岸あるいは上流に化学工場があり，その廃水中にメチル水銀が含まれていたのです．ただし，海水中の濃度はたいしたものではないと思われたのですが，問題は海の生態系における食物連鎖を経て発生していたのです．メチル水銀はいったん生物体内に取り込まれると蓄積する性質をもっています．したがって，食物連鎖を通して，上の段階にいくほど体内で濃縮されていくのです．1段階進むごとに10〜100倍に生体濃縮される．たとえば，メチル水銀→植物プランクトン→動物プランクトン→小魚→大魚→人と5段階も経ると，10万〜100億倍に濃縮されてしまうのです．水俣湾でとれた魚を毎日食べていた人たちやその飼い猫に，中毒症状が出るまでメチル水銀が蓄積していくのは時間の問題だったのです．

　有機水銀に限らず，ダイオキシンやPCBなど，体内に蓄積する性質をもっている物質の場合は，たとえ大気中や水中における濃度がごく低くても安心はできません．人間活動のもたらす結果は，つねに生態系全体を視野に入れて予想しなければならないのです．そして，被害を受けるのはもちろん人間だけではなく，その生態系にすむすべての生物です．

> # 第2部
> # なぜ生物は進化するのか？

6. 遺伝子の構造と起源

　進化のしくみを理解するには，まず遺伝子のことを知らなければなりません．DNAの分子構造の特徴と，それが遺伝子としての働きとどのように関係しているかをみておきましょう．それを踏まえて遺伝子の起源を考えてみます．

6·1　DNAの分子構造
　生物の細胞にはDNAという巨大分子が必ず含まれ，そこに遺伝情報が記録されています．どのように記録され，どのように実行されるのかを理解するには，DNAの分子構造をみておく必要があります．

6·1·1　二重らせん
　DNA（デオキシリボ核酸）は，「二重らせん」と呼ばれる立体構造をしています．その構成要素は大きく分けて3種類あります．デオキシリボース（以後Sと略す）とリン酸（P）と核酸塩基です．さらに核酸塩基には，アデニン（A），チミン（T），グアニン（G），シトシン（C）の4種類があります．これらが一定の規則で結合して，二重らせん構造を形成しているのです（図6·1）．

　二重らせんをほどいて梯子の形にしてみましょう．まず，梯子の長い棒に相当するのは，SとPが交互に結合した鎖です．そして，Sはさらに核酸塩

二重らせん構造 〰〰〰〰〰〰〰〰〰〰

↓

らせんをほどくと, |||||||||||||||||||||||||||||||||||||||||||||

↓

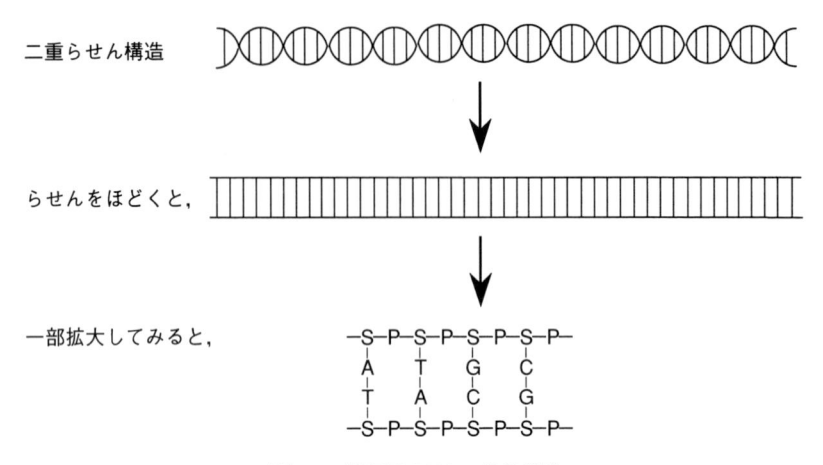

一部拡大してみると,　-S-P-S-P-S-P-S-P-
　　　　　　　　　　　　| | | |
　　　　　　　　　　　　A T G C
　　　　　　　　　　　　T A C G
　　　　　　　　　　　　| | | |
　　　　　　　　　　　-S-P-S-P-S-P-S-P-

図 6・1　遺伝子 DNA の分子構造

基のうちの 1 つとも結合できる手をもっています．核酸塩基は別の核酸塩基と結合し，この 2 つ並んだ塩基が梯子の横木に相当します．S と P と核酸塩基 1 つのまとまりをヌクレオチドといい，これがたくさんつながっている状態をポリヌクレオチドと呼びます．これが梯子の片側半分に相当するもので，全体としては 2 つ 1 組になっているので，2 本鎖ポリヌクレオチドといいます．

　ここで重要なことは，梯子の横木を形成する塩基どうしの結合に一定の法則があることです．すなわち，A は T と，C は G とだけ化学結合できるのです．つまり，片側のポリヌクレオチドが決まれば，相手側の塩基が自動的に決まることになります．いわば，鏡に映った像と実物がワンセットになっているようなものです．そして，この分子構造こそが，自己複製を可能にしているのです．

6・1・2　自己複製

　DNA が複製する際には，まず向かい合った塩基どうしの結合の手が切れていきます．つまり，ジッパーを開けるように 2 本のポリヌクレオチドが分かれていく．そして，結合の手の空いた各塩基に，細胞の中にばらばらの状態で存在していた新たな塩基が結合します（図 6・2）．ただしこのとき，も

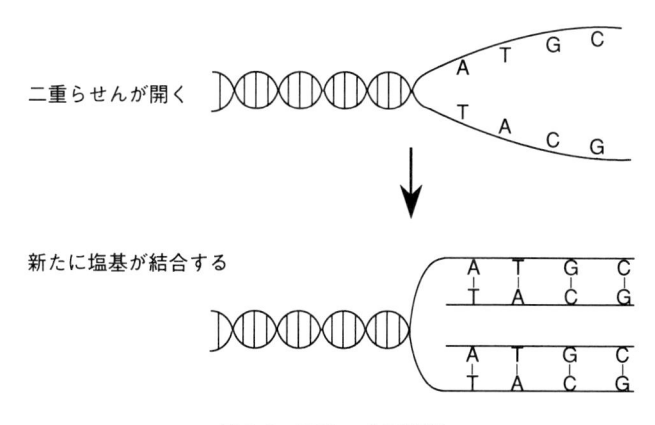

図 6・2　DNA の自己複製

との相手と同じ種類の塩基しか結合できません．A の相手は T，C の相手は G に決まっているのです．したがって，もととまったく同じ 2 本鎖ポリヌクレオチドが，それぞれの 1 本鎖をもとに形成されていくのです．このコピーのしかたは，半保存的複製と呼ばれています．

　遺伝子とは自己複製子です．DNA は正確な自己複製を保証する分子構造をもっていたのです．

6・2　どこに何が書いてあるのか？

　二重らせん構造は，すべての生物の DNA に共通する構造です．しかし，生物の種類によって，異なる遺伝情報が DNA に書き込まれているはずです．ではどこに，異なる情報を書き込むことができるのか？　DNA 分子のうち S と P のくり返しの部分は，すべての生物で同じはずです．ちがいうるのは，ポリヌクレオチドの塩基の並び方しかありません．この塩基配列こそが情報を蓄えているのです．つまり，A，T，C，G の 4 文字を使って文章が書かれていると考えればいいのです．

　では DNA にはどんな文章が書かれているのでしょうか？　たとえばカラスの DNA には，脚が 2 本に翼があって羽の色は黒…　というような情報が

書いてあるはずです．たしかに最終的にはそういう意味になるはずなのですが，具体的に DNA に書いてある 1 つ 1 つの文章は，タンパク質の種類を決める設計図なのです．タンパク質は多数のアミノ酸が結合した巨大分子ですから，アミノ酸の並び方を決める文章ということもできます．つまりアミノ酸が単語に相当します．そしてこの単語は，必ず 3 つの文字でできています．すなわち，塩基が 3 つ並んで 1 つの単語になり，ある特定のアミノ酸を指定しているのです．

　生物がタンパク質の合成に使っているアミノ酸は 20 種類だけです．一方，4 種類の文字を 3 つ並べてできる単語の種類数は 4×4×4＝64 種類．かなり余ります．現実には，ほとんどのアミノ酸に 2〜6 種類の単語が対応しているのです（表 6・1）．たとえば，グリシンに対応する DNA の塩基配列は 4 通りで（表 6・1 に示してあるのはそれを転写した mRNA の塩基配列 GGU，GGC，GGA，GGG：「転写」と「mRNA」については次節で解説），

表 6・1　遺伝暗号（mRNA のコドン＝塩基 3 つに対応するアミノ酸を示す）

		_	2 番目の塩基						
		U	アミノ酸	C	アミノ酸	A	アミノ酸	G	アミノ酸
1番目の塩基	U	UUU UUC UUA UUG	フェニルアラニン フェニルアラニン ロイシン ロイシン	UCU UCC UCA UCG	セリン セリン セリン セリン	UAU UAC UAA UAG	チロシン チロシン 終止 終止	UGU UGC UGA UGG	システイン システイン 終止 トリプトファン
	C	CUU CUC CUA CUG	ロイシン ロイシン ロイシン ロイシン	CCU CCC CCA CCG	プロリン プロリン プロリン プロリン	CAU CAC CAA CAG	ヒスチジン ヒスチジン グルタミン グルタミン	CGU CGC CGA CGG	アルギニン アルギニン アルギニン アルギニン
	A	AUU AUC AUA AUG	イソロイシン イソロイシン イソロイシン メチオニン(開始)	ACU ACC ACA ACG	トレオニン トレオニン トレオニン トレオニン	AAU AAC AAA AAG	アスパラギン アスパラギン リシン リシン	AGU AGC AGA AGG	セリン セリン アルギニン アルギニン
	G	GUU GUC GUA GUG	バリン バリン バリン バリン	GCU GCC GCA GCG	アラニン アラニン アラニン アラニン	GAU GAC GAA GAG	アスパラギン酸 アスパラギン酸 グルタミン酸 グルタミン酸	GGU GGC GGA GGG	グリシン グリシン グリシン グリシン

最初の2文字は共通しています．また，64種類の単語のうち1つは文章の開始の意味をもち，3つは終わりの意味をもっています．こうして，DNAの長い鎖の中に，たくさんの文章（タンパク質の設計図）を書き込むことができるのです．20種類のアミノ酸をどういう順番でいくつ並べるかによって，できたタンパク質の性質がちがってくるのです．

でも，生物の体はタンパク質だけでできているわけではありません．タンパク質以外の物質はどうなるのでしょう？　心配ご無用．すでに述べたように，タンパク質は筋肉など体を作る材料になるだけでなく，酵素として働くものもあります．たとえば，細胞内で物質AをBに変化させる化学反応を行う必要があるのなら，その反応を促進する酵素タンパク質 e_1 を作ればよく，それを指定する遺伝子（塩基配列） g_1 をもっている必要があります．さらに別の化学反応 B→C も実行したいなら，それを促進する酵素タンパク質 e_2 を指定する遺伝子 g_2 をもっている必要があります．つまり，それぞれの化学反応に必要な酵素タンパク質を作る遺伝情報さえもっていたら，タンパク質以外の物質も細胞内で作ることができるのです（図6・3）．

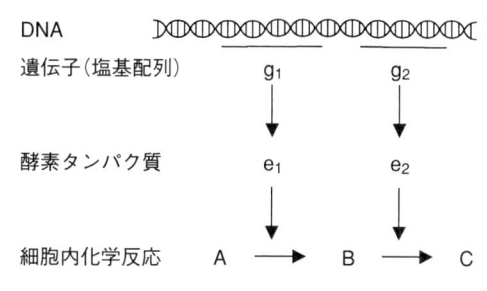

図6・3　遺伝子と細胞内化学反応

遺伝子と表現型

ここで「遺伝子」という言葉の使い方について少し注意しておきます．ある性質（たとえば体の色）を決める遺伝子をもっている，という言い方をすることがよくあります．まるで，1つの遺伝子ですべてが決定するかのように聞こえますが，実際にはそうではありません．たとえば，図6・3の3つの

物質が色素だとして，Aは白，Bは黒，Cは赤を表すとしましょう．遺伝子g_1とg_2があれば，A→B→Cと反応が進み赤になります．このとき，g_2を体色を赤にする遺伝子と呼ぶことがあります．しかし，遺伝子g_1がなければBができないので赤にはなりません．また，BからCを作る際に外部から取り込む物質Xも必要な場合，もし外部環境にXが存在しなければ，いくら遺伝子g_1とg_2をもっていても，赤い色にはなれません．このように，実際に生物のある性質が実現するには，複数の遺伝子（塩基配列）が関与していると同時に，環境条件も影響するのです．g_2を体色を赤にする遺伝子と呼ぶ意味は，関係する他の遺伝子がそろっていて，かつ環境条件も満たされているとき，塩基配列g_2をもっている個体は赤になるという意味なのです．

6・3　タンパク質合成のしくみ

　DNAにはタンパク質の設計図に相当する文章が書かれていることがわかりましたが，その情報をもとに実際にタンパク質を合成するようすをみておきましょう．実はDNAとアミノ酸は仲が悪くて，直接結合するのではなく，面倒くさいことをやっているのです．ここでは真核生物の場合をみてみましょう．

　前に説明したように，真核生物とは細胞の中に核をもつものです．つまり，DNA分子は核膜に囲まれて保護されています．実際にアミノ酸どうしを結合してタンパク質を合成する工場は核ではなく，リボソームと呼ばれる別の場所（細胞小器官）です．したがって，合成工場まで設計図をもっていく必要がありますが，設計図であるDNAは巨大分子ですので核膜を通り抜けることができません．どうしたらいいでしょうか？

6・3・1　遺伝情報の転写：DNAからmRNAへ

　困ることはありません．図書館から持ち出し禁止の本なら，図書館の中でコピーをすればいいのです．核の中で，DNAの塩基配列をmRNA（メッ

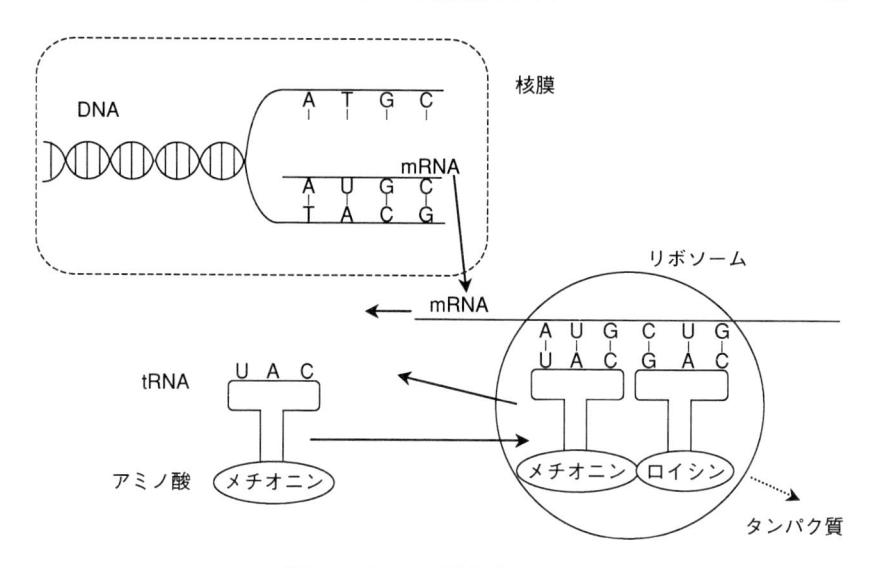

図6・4　タンパク質合成のしくみ

センジャー RNA＝伝令リボ核酸）にまずコピー（転写）するのです．転写のしかたは，DNA の自己複製のしくみと一部似ています．まず，これから作りたいタンパク質の設計図を含む部分について，DNA の向かい合った塩基の結合が切れて2本鎖が開きます．そして，そのどちらか一方の鎖だけに，新たな塩基が結合していきます（図6・4）．もちろん結合法則にしたがってですが，このとき1文字だけ読み換えが起こります．RNA ではT（チミン）の代わりに，構造が少しだけちがうU（ウラシル）が用いられます．つまり，DNA の塩基 A に対しては新たな塩基 U が結合するのです．

　そして，新たな塩基にデオキシリボース（S）ではなくリボース（S'）が結合します．「デオキシ」は1個の酸素原子（オキシゲン）がない（デ）という意味であり，リボースとのちがいはそれだけです．さらにS'をリン酸（P）がつないで1本鎖ポリヌクレオチドができあがります．これでRNAが完成しDNAから離れます．実は真核生物のDNAの塩基配列のかなりの部分は，タンパク質の設計図としての意味をもっておらず，必要な設計図を含む部分をコピーして，不要な部分をカットし編集してできたのがmRNA

になるのです．これが核膜の隙間を通って出ていきリボソームに到達します．

一方，タンパク質を合成するには，材料である各種のアミノ酸もリボソームに運ぶ必要があります．この働きをするのが tRNA（トランスファー RNA＝運搬リボ核酸）という，塩基数 80 ほどの小さな 1 本鎖ポリヌクレオチドです．これも DNA の対応部分から転写されて核から出てきます．そして，一方の端でアミノ酸と結合してリボソームまでやってきて，その反対側の塩基 3 つ（アンチコドン）で mRNA の塩基と結合します．この塩基 3 つに応じたアミノ酸を運んでくるのです．

6・3・2　RNA どうしの結合とアミノ酸の結合

mRNA の一部がリボソームに入ると，その塩基配列（塩基 3 つ）に対応する tRNA 1 が特定のアミノ酸 1 を連れてきて結合します（図 6・4）．その隣には，mRNA の次の塩基配列に対応する tRNA 2 がアミノ酸 2 を連れてきて結合します．そして，並んだアミノ酸 1 と 2 が結合します．すると，tRNA 1 はアミノ酸 1 および mRNA との結合の手を切り，単独でリボソームから出ていきます．と同時に mRNA も少しずれて，次の塩基配列がリボソーム内に入り，それに対応する tRNA 3 がアミノ酸 3 を連れてきて結合し，…というふうにしてアミノ酸が次々につながっていきます．こうして終止記号の塩基配列のところまでアミノ酸がつながって，1 つのタンパク質ができあがるのです．実はリボソームには酵素タンパク質のほかに，もう 1 種のリボ核酸 rRNA（リボソーム RNA）があり，動く工場としての役割を果たしているのです．

それにしてもなぜ，3 種類の RNA を介してアミノ酸を並べるという，面倒くさいことをしているのでしょうか？

6・4　遺伝子の起源

この DNA と RNA とアミノ酸の複雑な関係こそが，生命の起源における遺伝子の歴史を反映しているのです．次のような仮説が考えられています．

まず前段階として，タンパク質の集合体ができたとします．すなわち，す

でに述べたリン脂質を含む膜球の中にタンパク質が閉じ込められ，このタンパク質が酵素として働き始めれば，化学反応が進行します．膜を通して外部から有機物を取り入れて「成長」することも可能でしょう．そして，大きくなりすぎたら2つに分裂し，「増殖」することもあるでしょう．しかし，タンパク質には自己複製の能力はありません．だから，これはまだ生物とは呼べません．遺伝子が必要なのです．

遺伝子の起源は，現在の細胞が行っているタンパク質合成のプロセスを逆にたどればよいと考えられます．

6・4・1　RNA ワールド

まず第1段階は，RNAの取り込みです．タンパク質の集合体の中に取り込まれたRNA断片がタンパク質を構成するアミノ酸と結合します．これを原始tRNAと呼びましょう．このとき，特定のアミノ酸と特定の塩基配列（塩基3つ）との対応は偶然決まったと思われます．タンパク質のアミノ酸配列に応じて原始tRNAが結合していくと，今度は原始tRNAの塩基に別の塩基が結合して隣どうしつながっていきます．こうして原始mRNAができあがります（図6・5）．この原始mRNAをコピーして集合体の分裂のと

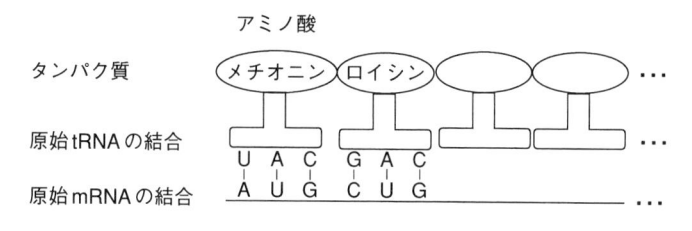

図6・5　タンパク質からRNAへ

きに渡せば，それをもとに原始tRNAが，そしてアミノ酸を並べてもとと同じタンパク質を合成することができます．これで自己複製能力をもったことになるのです．つまり，RNAに遺伝情報をもたせることによって，タンパク質の複製ができるようになったのです．これがRNAワールドと呼ばれる最初の生物の世界です．

6・4・2 RNA から DNA の合成

次に第2段階として，RNA から DNA が合成されます．ウイルスの一部（レトロウイルス）には，遺伝情報を RNA に蓄え，それを寄主（宿主）の細胞内に注入して，RNA から DNA の合成（逆転写）を行うものがいます．原始細胞においても，逆転写酵素として働くタンパク質が手に入れば，原始 mRNA の塩基に新たな塩基が結合してつながり（ただし，U の代わりに T，S' の代わりに S），まず DNA の1本鎖を合成することができます．そして，これをもとにして新たな塩基を結合させれば，相補的なポリヌクレオチド2本からなる DNA ができあがるというわけです（図6・6）．

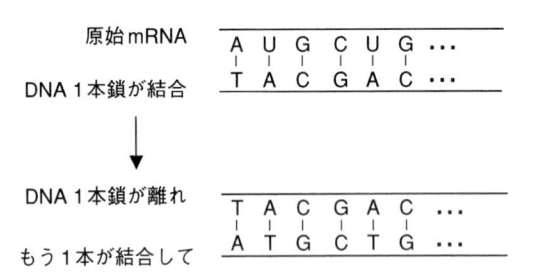

```
原始 mRNA         A U G C U G …
                  | | | | | |
DNA 1本鎖が結合    T A C G A C …

         ↓

DNA 1本鎖が離れ    T A C G A C …
                  | | | | | |
もう1本が結合して  A T G C T G …

二重らせんのできあがり
```

図6・6 逆転写：RNA から DNA へ

DNA は遺伝子として RNA よりはるかに優秀です．そもそも分子としての安定性が高く，また二重らせん構造をもつため，正確な自己複製ができるだけでなく，自己修復も可能です．片側の鎖の塩基配列が破壊されても，もう片側をもとにして，もとと同じ塩基を並べることができるのです．したがって，いったん DNA の合成に成功した細胞は，すなわち DNA を遺伝子として使い始めた生物は，RNA を遺伝子として使っている生物よりはるかに効率よく自分と似た子孫を残せたはずです．そして，かれらが生き残り，われわれの祖先になったのです．アミノ酸を指定する3つの塩基配列（遺伝暗号）がすべての生物で基本的に一致していることは，すべての生物が共通の祖先をもつことを示しているのです．

7. 遺伝子の発現と環境条件

　DNA に遺伝情報をもっているとしても，もしそれがつねに実行されていたら，細胞は大量のタンパク質でパンクしてしまいます．タンパク質合成は必要に応じて実行されているはずです．遺伝情報の実現がどのように調節されているのかを，環境との関わりにふれながらみていきましょう．

7·1　環境条件とオペロン説

　まず細菌（原核生物）の場合をみてみましょう．大腸菌の DNA にはラクトース（乳糖）を分解する酵素タンパク質を作る遺伝子が含まれています．しかし，実際にラクトース分解酵素が合成されるのは，生息環境にラクトースが存在するときだけです．なぜこんな合理的なことができるのでしょうか？

　DNA の塩基配列には，実は，タンパク質の設計図だけでなく，その合成

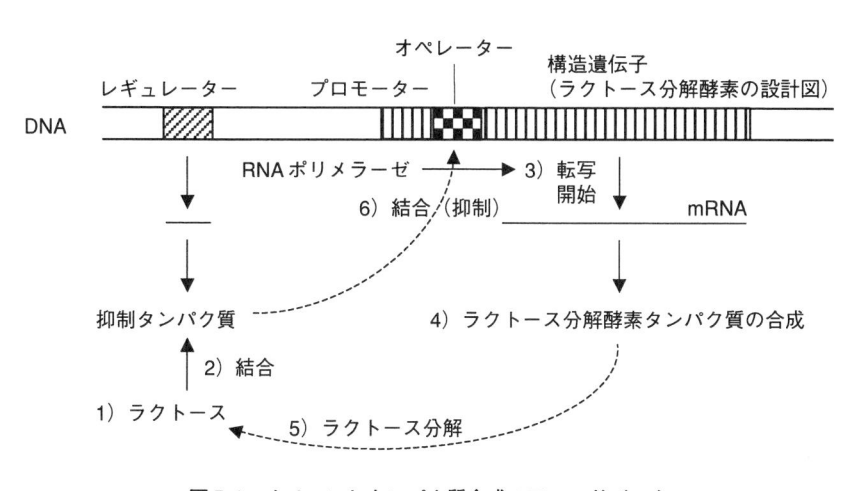

図7·1　オペロンとタンパク質合成のフィードバック

の制御に関わる部分があったのです.ラクトース分解酵素タンパク質の設計図（構造遺伝子）に相当する塩基配列の手前には,レギュレーター（調節遺伝子）,プロモーター,オペレーターと呼ばれる部分が並んでいます.このワンセットをオペロンと呼びます（図7・1）.プロモーターのところからRNAポリメラーゼという酵素が働き始め,構造遺伝子の塩基配列をmRNAに転写していきます.しかし,その隣のオペレーターの部分がこれを邪魔することがあるのです.

　レギュレーターの塩基配列をもとにしてできるタンパク質は抑制タンパク質と呼ばれ,オペレーターに結合して,プロモーターからRNAポリメラーゼが進むのを邪魔します.この状態では構造遺伝子の部分は転写できません.ところが,細胞中にラクトースが入ってくると,ラクトースは抑制タンパク質に結合し,その結果,抑制タンパク質はオペレーターと結合できなくなってしまいます.すると,オペレーターが活性化して構造遺伝子の部分の転写が進み,ラクトース分解酵素タンパク質の合成が始まるのです.この酵素ができるとラクトースはどんどん分解されていきます.そして,ラクトースが分解され尽くすと,抑制タンパク質は再び自由になりオペレーターに結合します.そうすると,転写はストップしてしまい,ラクトース分解酵素の合成は中止されます（図7・1）.

　これとは逆に,ある物質が存在しないと転写を始めるという制御のしかたもあります.たとえば,トリプトファン合成酵素のオペロンの場合は,レギュレーターの作るタンパク質はそのままでは抑制力がなく,トリプトファンと結合して初めてオペレーターに結合できます.したがって,細胞中からトリプトファンがなくなった場合だけ,抑制がとけてトリプトファン合成酵素が合成されます.つまり,トリプトファンが再び合成されるのです.見事なフィードバック機構です.

7・2　染色体と細胞分化

　真核多細胞生物の場合の調節機構はもっと複雑なようです.まず真核生物

のDNA分子は，ヒストンというタンパク質にコイル状にからみつき，さらにヒストン以外のタンパク質も外側に結合しています．このDNAとタンパク質の結合体は，色素に非常によく染まるので，「染色体」と呼ばれています．だから，DNAという代わりに「染色体に遺伝子が並んでいる」という表現もするのです．

7・2・1　ホルモンと遺伝子発現

さて，この染色体に含まれるタンパク質のうちヒストン以外のもの（非ヒストンタンパク質）が，遺伝子発現の調節に関係しています．たとえば，エストロゲンという雌性ホルモンが存在すると，ニワトリの卵管を形成している細胞では，アルブミンなどの卵白タンパク質の合成が始まります（図7・2）．エストロゲンが卵管細胞に入ってくると，細胞内にある受容タンパク質とまず結合します．そしてエストロゲンと受容タンパク質の結合体が核に入り，DNAのある部分に結合している非ヒストンタンパク質と結合します．

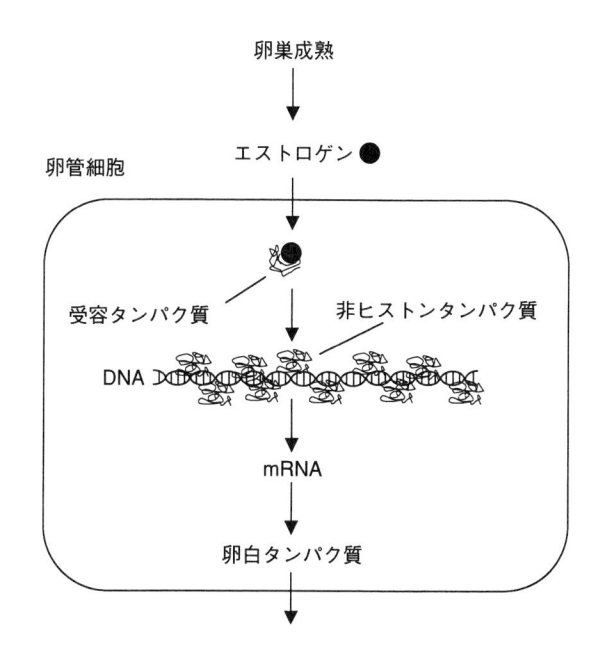

図7・2　ニワトリの卵管細胞における卵白タンパク質の合成

そうすると，その部分のDNAからmRNAへの転写が始まるのです．

ニワトリの体を構成する他の細胞では，エストロゲンが入ってきても，卵白タンパク質の合成は始まらないのです．そもそも多細胞生物も出発点は1つの細胞です．細胞分裂によって細胞数は増えていきますが，その際，先に述べたDNAの正確なコピーが行われるので，体中のどの細胞も同じ遺伝子のセットをもっているはずです．ただし，後に述べる突然変異が生じた場合は別ですが．同じDNAをもっていながら，体の場所ごとに細胞の形や働きがちがってくる．つまり，DNAのうち異なる部分が転写されて，異なるタンパク質を作るようになるのです．これを発生にともなう細胞分化といいます．それぞれの細胞のおかれた体内環境のちがいに応じて，DNAに異なる非ヒストンタンパク質が結合し，発現する遺伝子がちがってくるのだと考えられていますが，その詳細についてはまだよくわかっていません．

7・2・2 遺伝子と環境条件

ただここで強調しておきたいことは，原核生物にしろ真核生物にしろ，ある遺伝子（DNAの塩基配列）をもっているからといって，実際にそれが発現するとは限らないということです．遺伝子は生物の性質を決める情報をもっている．しかし，遺伝子だけで実際のその個体の性質（表現型）が決まるわけではありません．必ず，その個体のおかれた「環境」も影響するのです．同じ遺伝子をもっていても，異なる環境条件のもとで育った2個体は異なる性質を表すだろうし，逆に同じ環境条件で育っても異なる遺伝子をもっていれば異なる性質を表すでしょう．つまり，生物の表す性質はすべて，遺伝子と環境の共同作業によって実現するものです．ある性質が「遺伝的に決まっている」という表現の意味は，ある性質に関連する遺伝子が存在し，適切な環境条件のもとではそれが発現するということなのです．また，ある性質が「環境によって決まっている」という意味は，ある一定の遺伝子セットをもっているという前提のもとで，環境条件のちがいが表現型に影響を与えるということです．環境だけで決まる性質もないし，遺伝子だけで決まる性質もないのです．

7・3 相同染色体と優性の法則

真核生物の場合，遺伝子をもっていてもその性質が発現しないケースがもう1つあります．それは相同染色体の存在によるものです．先にも述べたように，真核生物のDNA分子はタンパク質と結合した染色体として核の中に複数個存在していますが，その中には互いによく似た染色体（DNA鎖）が必ず1対ずつあります．それが相同染色体です．その2本のDNA鎖は同じ長さで，同じ位置には同じ事柄に関係する遺伝子が並んでいます．つまり，ある事柄（たとえば体色）に対して，必ず2本の相同染色体の同じ位置にある遺伝子，つまり2つの遺伝子が関与しているのです．この2つはまったく同じ遺伝子であることもあるし，異なる情報（たとえば，黒と白）をもった遺伝子（すなわち異なる塩基配列）のこともあります．この異なる情報をもった遺伝子を対立遺伝子と呼びます（図7・3）．

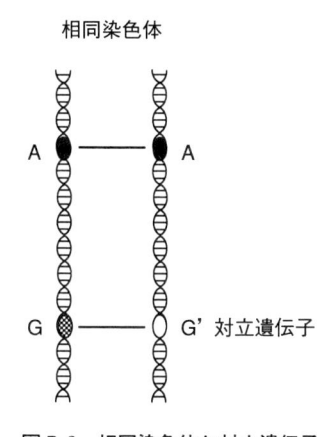

図7・3 相同染色体と対立遺伝子

対立遺伝子をもつ場合は，2つの遺伝子のうち一方の情報だけが実現することがあるのです．たとえば，ある種の酵素タンパク質を作る情報をもった遺伝子Gに対して，酵素活性がなくなるような突然変異G'が生じたとします（突然変異の起こり方については後に述べます）．それが相同染色体の一方にだけ生じたのなら，もう一方は正常な遺伝子Gをもっているので酵素タンパク質を作れます．つまり，G'とGという2つの遺伝子をもつ個体の性質は，Gを2つもつ個体の性質と，見かけ上なんら変わらないことになるのです．この場合，遺伝子G'の存在は，その個体の表現型からはわからないのです．これはメンデルの遺伝の法則のうち，優性の法則に相当する現象であり，Gを優性遺伝子，G'を劣性遺伝子と呼びます．ただし，対立遺伝子をもつ場合，いつでも完全優性（一方の性質のみが実現）になるわけでは

なく，2つの遺伝子の働き方に優劣がなければ，中間的な表現型が実現する場合もあることがわかっています．

メンデルの遺伝の法則

メンデル（Mendel, G. J.）は，植物の交配実験から遺伝の法則を考えついた最初の人です．その論文を発表したのは1866年のことでした．たとえば，エンドウの豆の色に黄色と緑の2タイプがあることに注目して，さまざまな組み合わせの交配実験をくり返しました（図7・4）．緑の親どうしの

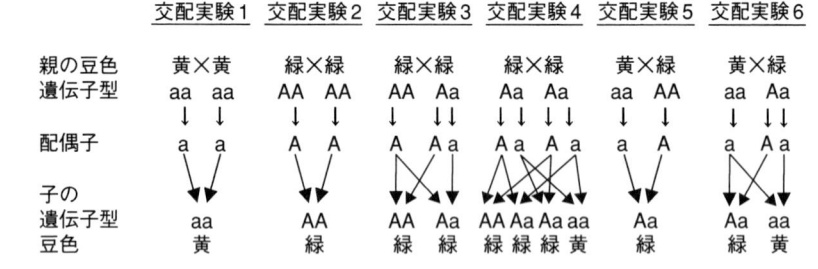

	交配実験1	交配実験2	交配実験3	交配実験4	交配実験5	交配実験6
親の豆色	黄×黄	緑×緑	緑×緑	緑×緑	黄×緑	黄×緑
遺伝子型	aa aa	AA AA	AA Aa	Aa Aa	aa AA	aa Aa
配偶子	a a	A A	A A a	A a A a	a A	a A a
子の遺伝子型	aa	AA	AA Aa	AA Aa Aa aa	Aa	Aa aa
豆色	黄	緑	緑 緑	緑 緑 緑 黄	緑	緑 黄

図 7・4　メンデルの交配実験：緑と黄色のエンドウ豆

交配実験で黄色の子もできること（実験4）から，1つの性質に関して2つの遺伝子が関与していることを思い付き，Aとaをもった場合にはaの黄色の性質は現れず，Aの緑の性質だけが表に出てくると考えたのです（優性の法則）．当時は遺伝子という言葉すらなかったのですが，これが今でいう対立遺伝子のことです．メンデルはこの仮説によって，さまざまな交配実験の結果できた子（黄色と緑の豆）の割合がうまく説明できることを示したのです．たとえば図7・4の実験4では「緑3：黄1」の割合で子ができることが説明できます．

8. 進化のしくみ：突然変異と自然選択

　生物を理解するうえで「進化」は一番重要なことですが，この言葉はしばしば誤解されているようです．日常生活でも「進化」という言葉はよく使われています．「コンピュータの進化」，「進化した〇〇」，など．このような使い方をするときには，進歩とか改善という意味が含まれています．しかし，生物の進化を論じる際には，進歩・改善というニュアンスを取り払って，たんに時間の経過に伴う「変化」を意味する言葉だと考えたほうが，誤解を生みません．

　たとえば，「人間は大腸菌よりも進化している」といわれると，なんとなくその通りだと思いがちですが，実はこのような使い方は間違っています．「人間は大腸菌（と共通）の祖先から進化した」という表現なら正しいですが，人間と大腸菌のどちらが進化しているかと比べることはできません．より複雑な体構造と行動を示すのは人間ですが，かりに「複雑なほうが進歩している」と判断する人がいたとしても，その判断基準は人間の恣意的なもので，大腸菌にとっては意味のない価値基準なのです．

　生物の進化を簡潔に表現してみると，「遺伝的性質の集団的変化」ということになります．進化のしくみを考える際には，この「遺伝的」ということと，「集団的」ということが重要なポイントになります．

8·1　進化の具体例

　進化はすべての生物において常に進行中です．しかし，大きな変化が生じるには時間がかかるので，そのプロセスを実際に追跡・観察するのは必ずしも容易ではありません．よく知られている例を1つあげてみましょう．イギリスにすむガの1種，オオシモフリエダシャクの体色の変化に関する追跡例です．

博物館に保管されているオオシモフリエダシャクの標本を調べてみると，18世紀から19世紀初めまでに採集されたものでは，すべて淡色型と呼ばれる白っぽい色をした個体ばかりでした．ところが，1850年頃にマンチェスターの近くで，初めて黒っぽい色をした暗色型の個体が採集され，以後次第にその頻度が増加していき，19世紀末にはマンチェスター近辺ではほとんどが暗色型になってしまいました．この半世紀はマンチェスターで工業化が進み，石炭の消費量が急増した時期に当たります．このような傾向は他の工業地帯でも観察されています．

　なぜ工業が発展するとガの色が黒くなるのでしょう？　オオシモフリエダシャクは他の多くのガと同じように，夜行性であり，昼間は木の幹などに止まって休息します．工業の発達にともなって，工場からの排気ガスが大気汚染を引き起こし，木の幹を覆っていた苔状の地衣植物（菌類と藻類の共生体）が死滅し，さらにススで汚れて，木の幹は白っぽい色から黒っぽい色へと変化していきました．ガにとっての生息環境が変化したのです．これは淡色型の個体にとっては致命的なことでした．つまり，黒い背景に白いガが止まっていると，たいへんよく目立ちます．人間の目に目立つだけではなくて，ガの捕食者である鳥にもよく目立ってしまうのです（図8・1）．一方，暗色型は目立たないので生き残る可能性が高くなります．逆に，工業化が起

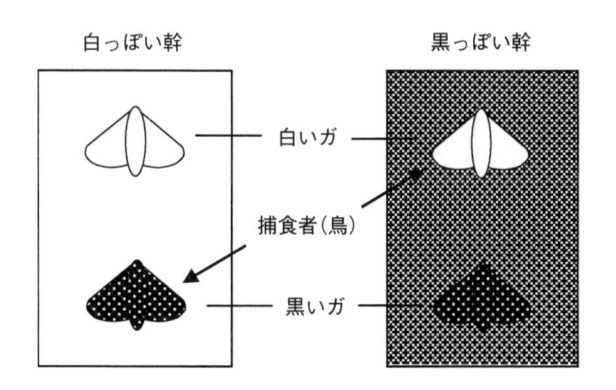

図8・1　ガの体色と背景の木の色

こる前は，暗色型にとっては不利な環境だったのです．ちなみに，最近では汚染対策が施されるようになってから，また淡色型が増加しているそうです．

このように，環境の変化に対応して，捕食者との関係のもとで，体色の2タイプの生存上の有利不利が逆転したと考えることができます．ただし，このガの体色が，たとえばススに汚れて黒くなったものだとしたら，それは進化とはいえません．淡色型と暗色型は遺伝的に異なっていることが確かめられています．

8・2　遺伝子の突然変異と表現型の変化

オオシモフリエダシャクの淡色型から暗色型への変化の発端は，遺伝子の突然変異です．遺伝子が変わらなければ進化は始まりません．突然変異とはDNAの塩基配列の変化に他なりません．

突然変異の起こる原因は，熱，放射線，化学物質，ウイルスなどの影響ですが，いつ，どの部分が，どのように変化するかを予測することはできません．という意味で，突然変異は偶然起こる現象です．突然変異と呼ぶよりも「偶然変異」と名付けたほうが誤解が少なかったかもしれません．自然界で，ある遺伝子の部分に突然変異が起こるのは，平均すればDNAのコピー10万回に1回くらいの割合だといわれています．もちろん，強い放射線や高濃度のダイオキシンなどにさらされると，突然変異率は高くなります．

DNAの塩基配列が変化すると，アミノ酸配列が変化し，タンパク質の酵素としての働きが変化して，表現型（体色など）に変化が現れます．ただし，DNAに突然変異が生じたら必ず表現型も変化するかというと，そうとは限りません（図8・2：次頁のコラム参照）．

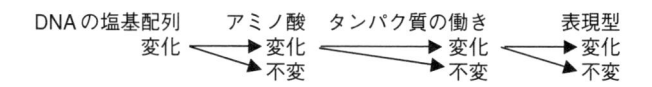

```
DNAの塩基配列    アミノ酸     タンパク質の働き      表現型
    変化    →    変化     →      変化       →    変化
             ↘  不変           ↘ 不変             ↘ 不変
```

図8・2　DNAの変化から表現型の変化へ

表現型が変化しない場合

　ごく小規模な突然変異の例として，塩基1個の置換の場合を考えてみましょう．まずもとのDNAの片方の鎖にCCCという塩基配列があり，これから転写したGGGという配列部分をもつmRNAが核からリボソームへ行くと，そこにはグリシンというアミノ酸がtRNAに連れてこられます．さて，DNAの突然変異でCCCの3番目のCがTに置き換わり，CCTになったとしましょう．するとmRNAではGGAとなりますが，これでも，もとと同じグリシンがやってきます．前に述べたように，グリシンに対しては4つの単語が対応しており，3番目の塩基はどれでもよかったからです．つまりこの場合は，DNAの塩基配列が変化した（突然変異が起こった）ことは確かですが，アミノ酸もそれを含むタンパク質もまったく変化せず，その生物の性質には何の影響も及ぼさないことになります．

　一方，CCCの1番目のCがTに置き換わり，TCCになったらどうでしょうか．この場合，mRNAではAGGとなり，これに対してはアルギニンという別のアミノ酸が連れてこられます．つまり，タンパク質を構成するアミノ酸が1つ置き換わることになるのです．ただし，アミノ酸がたった1つ入れ代わったくらいでは，多数のアミノ酸からなるタンパク質全体の性質にはまったく影響しない場合があります（図8・2）．その場合は，結果として3番目の塩基が置換した場合と同じです．一方，たった1つのアミノ酸が置き換わっただけで，それを含むタンパク質の性質が変化してしまうこともあります．たとえば，もとはXという物質を合成する化学反応を促進する酵素タンパク質として働いていたのに，突然変異の結果，酵素としての働きを失うことがある．そうすると，物質Xができず，もしそれが色素であれば，その生物の体色が変化してしまうという結果になります．

　さらに，真核生物では，タンパク質の性質を変えるような突然変異が生じたとしても，すぐに表現型の変化につながるとは言い切れません．先に説明

したように突然変異が劣性遺伝子であった場合です．この場合は，子孫が相同染色体の両方に突然変異遺伝子をもって初めてその性質が発現することになります．

～～～～～～～～～～～～～～～～～～～～～～～～～～～～～～～～～～～～

オオシモフリエダシャクの体色の場合，もともとは淡色型の情報をもつ遺伝子 a しかなかったのですが，突然変異で暗色型の遺伝子 A が生じたと考えられています．そして，遺伝子 a は A に対して劣性であることがわかっています．つまり，淡色型の個体は a を 2 つもつ（これを aa と表現する），つまり 2 本の相同染色体のどちらにも a が存在しているのです．19 世紀半ばまでは淡色型ばかりであったということは，遺伝子 a をもつ個体だけが存在していたということです．この遺伝子 a に相当する DNA の部分に変化が起こることによって，つまり突然変異によって遺伝子 A が生じると，この A のほうが優性ですから，遺伝子 A を 1 つでももった個体は暗色型になるのです．

8・3　自然選択と適応度

遺伝子の突然変異こそが進化の出発点です．しかし，ある 1 個体の体色が変化したとしても，それだけでは進化とは呼べません．次の問題は，その後どうして突然変異遺伝子 A をもつ個体が増えていったかです．

ある地域にすむオオシモフリエダシャクについて，体色を決める遺伝子の集団（遺伝子プール）を考えてみましょう．2 種類の遺伝子 A と a の頻度（割合）はどのように変化していくのか．木の幹の色が白っぽいときには，たとえ突然変異で遺伝子 A が生じたとしても，それをもつ暗色型個体は敵に見つかりやすく，したがって淡色型（aa）の個体よりも子を残せる可能性は少ないでしょう．つまり，せっかく突然変異が生じても何世代かのうちに消え去ってしまうと考えられます．一方，環境が変化して木の幹の色が黒っぽくなれば，遺伝子 A をもつ暗色型の個体のほうが生き延びる可能性が

遺伝子プール（A：突然変異遺伝子）

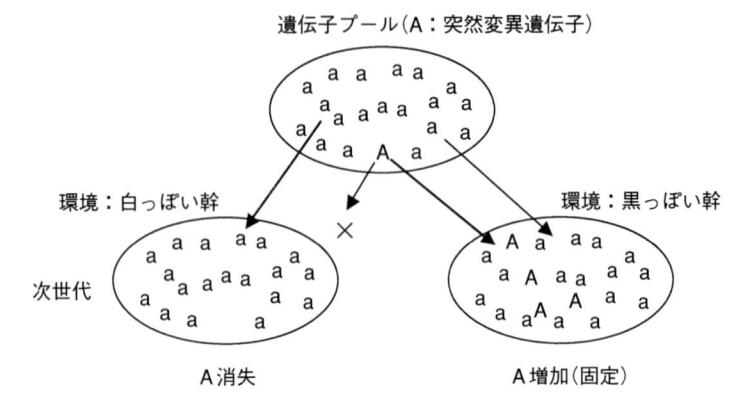

環境：白っぽい幹　　　　　　　　　　　環境：黒っぽい幹

次世代

A消失　　　　　　　　　　　　　　　　A増加（固定）

図8・3　集団中の遺伝子頻度の変化と環境

高く，したがって淡色型よりも多くの子を残す可能性があります．そしてその結果，集団中の遺伝子Aの頻度（%）は，世代を経るにしたがって増加していきます（図8・3）．このように，環境の変化に応じて，集団中の遺伝子頻度が変化していくしくみを自然選択（自然淘汰）と呼びます．

　自然選択説を最初に考えついたのは，イギリスのダーウィン（Darwin, C. R.）でした．ただし，彼が1859年に『種の起源』（The Origin of Species by means of Natural Selection）を出版した頃は，遺伝子や遺伝のしくみについてはまだほとんど何もわかっていませんでした．しかし，ダーウィンは同じ親から生まれた子供たちの間にも個体変異があることに注目して，どのような性質をもった子が生き残っていくかを考えたのです．環境に応じて，より生存可能性が高く，繁殖力の大きい個体が選ばれていくという自然選択の基本的な考え方は，現代の進化論においてもその要をなすものです．ダーウィンは生存闘争（struggle for life）という言葉も使いましたが，同じ種に属しながら性質の異なる個体たちが，それぞれの生存と子孫繁栄をかけて競争しているという見方もできます．

創造説とダーウィンの自然選択説

ダーウィン以前に，18世紀にも進化論を唱えた人はいましたが，「種は不変」という考え方にそのつど破れてきました．この根強い考え方は，聖書の記述にもとづく創造説と呼ばれるもので，生物の1つ1つの種は，神がそのように造られたものであるから，変化することはありえないという考え方でした．それに対してダーウィンは，生物は進化するという確信をどうしてもつようになったのでしょうか？

大学時代に博物学に興味をもったダーウィンは，ライエル（Lyell, C.）の書いた『地質学原理』を携えて軍艦ビーグル号に便乗し，5年間かけて世界一周します．『地質学原理』には地層のでき方や化石について書いてありましたが，(1) 地層ごとに出てくる化石が少しずつ違っていること，そして世界一周の途中で寄ったガラパゴス諸島などで，(2) よく似ているが島ごとに少しずつちがった生物がいること（ガラパゴスゾウガメやダーウィンフィンチと名付けられた小鳥など）を観察し，生物種の連続性に気付きます（図8・4）．一方，イギリスに帰国してからは，種が変化するしくみについて考えますが，そのヒントになったのは，品種改良の方法（人為選択）でした．イ

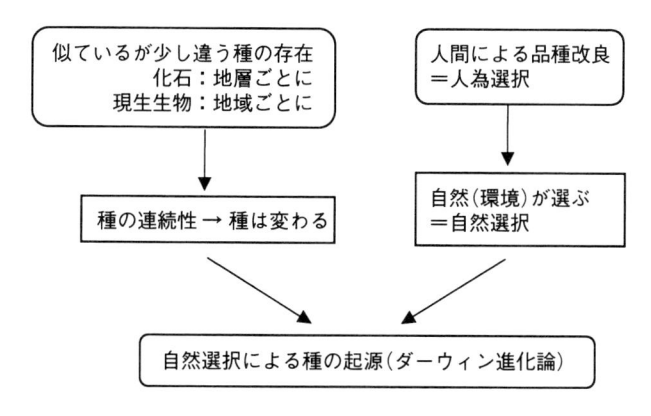

図8・4 ダーウィンが自然選択説を思い付くまで

ヌやハトの品種が当時もさかんに作られていましたが，人間が気に入った性質をもっている子孫を何世代も選び続けることによって，もとの種から「変化」した品種ができることが経験的に知られていたのです．人間が選ぶことによって変化するのなら，自然（環境）に選ばれることによっても生物の性質は変化するはずだと，自然選択の理論に行き着いたのです．

━━━━━━━━━━━━━━━━━━━━━━━━━━━━

　それぞれの個体（あるいは性質）がどれほどその環境に適しているかは，「適応度」，すなわちそれぞれの個体が残す子孫の数，という指標で比べることができます．この言葉を用いて進化のしくみを要約してみると，以下のようになります．進化の出発点は遺伝子の突然変異であり，その突然変異遺伝子をもった個体の適応度が，従来からの遺伝子をもった個体よりも小さければ，やがてその突然変異遺伝子は自然選択により消失し，大きければ増加していく（集団中に固定する）．そして，この適応度の大小は環境次第で決まるのです．最初の生物が誕生すると同時に，あるいは自己複製を始めたとたんに，この自然選択が働き始めたはずです．

9. 種族繁栄論の誤り：子殺しを例に

ダーウィンの自然選択説は20世紀になって次第に受け入れられるようになってきましたが，残念ながら大きな誤解を伴って普及していきました．ある種は別の種よりも環境に適応しているから繁栄してきたというような，種を単位とした自然淘汰論です．いわゆる種族繁栄のために，すなわち集団（種）全体の利益を基準にして進化が起こるかのような説明がしばしば行われてきたのです．しかし，遺伝子は親からその子供に伝わるものであり，進化は個体の適応度を基準にして起こります．たとえ集団全体にとってはマイナスになろうとも，ある性質をもつ個体が別の性質をもつ個体よりも多くの子を残すなら，その性質が進化していくはずです．子殺しを例にあげて，これを確認しておきましょう．

9·1 ライオンの子殺し

ライオンが子を殺すと聞いて，「獅子は千尋の谷に子を落とす」という諺を思い浮かべる方があるかもしれません．自分の子に苦しい試練を与えてその才能をためし，立派な人間に育てることのたとえだといいます．しかし，獅子が深い谷に子を突き落とし，生き残ったものだけを育てるというのは，まったくの俗説です．この「獅子」はイノシシのことかもしれませんが，この手の動物寓話はそれを引用する人間に都合のいいように歪曲されたもので，迷惑しているのは動物のほうです．それはともかく，ライオンは子を嚙み殺してしまいます．ただし，自分の産んだ子を殺すわけではありません．父親ではない他の雄に，子を殺されてしまうことがあるのです．どうしてそんなことが起こるのでしょうか？

ライオンはネコ科の動物としては珍しく，群れを作って生活しています．群れはふつう2頭前後の雄と10頭前後の雌，そして子供たちから構成され

ています．ライオンはシマウマなどの大型動物を食べますが，協力して狩りをするために群れ生活をしているようです．ただし，狩りをするのはもっぱら雌たちで，雄は獲物を横取りする寄生者です．群れの中の雄と雌には特定のつがい関係が決まっているわけではなくて，乱婚的に複数の相手と交尾します．

　生まれた子どもたちは約3歳で性的に成熟します．そして，娘はそのまま生まれた群れに残りますが，息子たちは成熟する頃になると群れから出ていきます（図9・1）．つまり，群れの雌たちは，母と娘，姉と妹というような

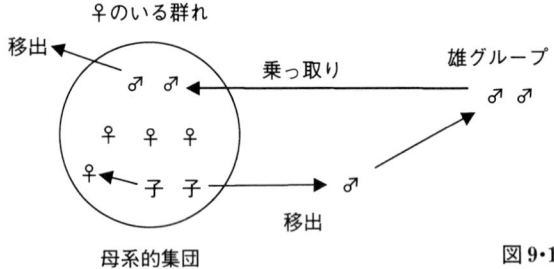

図9・1　ライオンの群れと乗っ取り

血縁関係のある者たちなのです．哺乳類の群れはこのような母系的な群れであることが多いのです．一方，群れから出ていった息子たちは，若い雄だけのグループ（2〜6頭）で生活します．この雄グループでは，もちろん自分たちで狩りをします．ではこの若い雄たちは，どのようにして配偶者を得ることができるのでしょうか？

　雌たちの群れには必ず雄が付いていますから，この雄たちを追い出して，群れを乗っ取るという方法しかありえません．乗っ取りに成功するかどうかは，雄たちの力関係によって決まります．力ずくで雌を獲得するのです．さて，ここで問題の「子殺し」が起こります．乗っ取りに成功した雄たちは，群れにいる子供たちを次々に殺していきます．もちろん，これは彼らの子ではなく，前の雄たちの子です．ただし，すべての子供を殺すわけではなく，殺すのは乳児だけです．なぜ乳児だけなのでしょうか？

サルの子殺し

　実は，ライオンで子殺しが観察されるよりも約10年前の1960年代初めに，インドにすむハヌマンラングールというサルの仲間で似たような子殺しがすでに見つかっていたのです（杉山幸丸の観察）．

　ハヌマンラングールも群れで生活し，基本は1頭の雄と10頭前後の雌からなる一夫多妻の群れです．この群れも母系的な群れで，雌たちには血縁関係があります．一方，息子たちは成熟前に群れを出て，雄だけのグループ（2〜60頭）に加入します．そして，この雄たちも乗っ取りをします．雄グループのうち1頭が，もといた雄を追い出して新たに雌たちと暮らすようになります．そして，その乗っ取りの直後に，新しい雄がやはり乳児だけを殺すという子殺しが起こっていたのです．

　その後，同じような一夫多妻の群れで生活する他のサルの仲間でも，乗っ取りに伴う乳児殺しが確認されています．さらに，ゴリラ（一夫多妻群）やチンパンジー（多雄多雌の集団）でも子殺しが観察されています．ゴリラやチンパンジーでは乗っ取りはみられませんが，これらの子殺しが起こる状況については，また後の章でふれることにします．

9・2　種族繁栄論：同種殺しは異常か？

　生物のもつ主要な特徴は，個体維持（成長・生存）と種族維持（繁殖・遺伝）であると昔からいわれてきました．種族維持の観点からすると，同じ種に属する仲間を殺すことはよくないはずです．たとえば，動物行動学（エソロジー）の創始者であるローレンツ（Lorenz, K.）は，同種内でみられる攻撃行動について考察し，種内での攻撃は相手を殺すまでに至らないように「儀式化」されていると述べました．同種の仲間を殺してしまっては，種族繁栄（その種全体の増殖）にとってマイナスになるから，殺さないように行動上の歯止めが進化していると考えたのです．そして，われわれ人間だけが

この歯止めを失って，頻繁に同種殺しをしているのはなぜかという問題を提起しました．ちなみに，現生人類はたとえば肌の色がどれほどちがおうと，生物学的にはすべてホモ・サピエンス *Homo sapiens* という1つの種に属しており，交配が可能です．個人的な恨みであれ，民族紛争であれ，宗教戦争であれ，同種殺しであることには変わりがありません．

ところが，野生動物の詳細な観察・調査が進むにつれて，子殺しのような同種殺しが次々に発見されてきました．人間だけに同種殺しが多いと思われたのは，実はたんに観察時間の長さのちがいを無視していたからなのです．世界中で殺人事件は必ず新聞沙汰になりますが，ライオンの子殺しをたくさんの新聞記者が毎日見張っているわけではありません．ある特定の動物種を観察している研究者の数は，人間の行動を観察している新聞記者の数に比べたら何桁も少ないことを考慮しなければなりません．動物でも同種殺しは起こっているのです．

しかし，ハヌマンラングールの子殺しが報告された当時は，動物学者でもこれを異常な現象としてとらえる人が多かったのです．たとえば，人間が開発を進めた結果，このサルの生息可能な地域が狭められ，高密度になった地域でストレスによる子殺しが起こったのであるというふうに．そして，それは結果的にこのサルの人口抑制（個体群密度調節）になっており，長期的にみると種族繁栄にもプラスになるのだと主張する学者も少なくなかったのです（図9・2）．人口過剰は，たとえば餌を過剰に消費し（食い尽くし），種族繁栄の妨げになるという観点からです．これにも一理あるように聞こえるかもしれません．しかし，ではなぜ「乗っ取りの後だけ」に「新しい雄だけ」

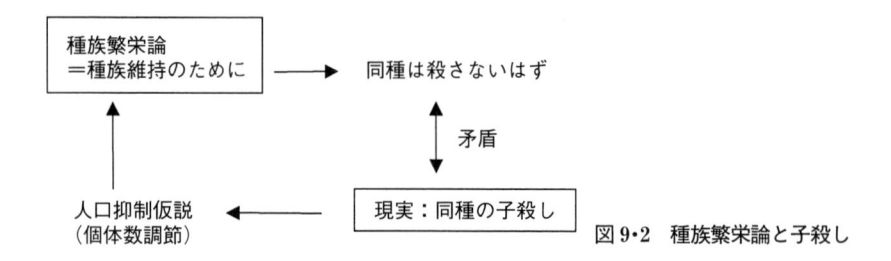

図9・2 種族繁栄論と子殺し

が「乳児に限って」殺すのか？　この規則性は「人口抑制説」では説明できません．

9・3　適応戦略論：子殺しの後に起こること

子殺しの理由は，子殺しの起こった後の雌雄の行動を観察することにより明らかになってきました．乳児を殺された雌は，すぐに発情し，子殺しをした雄と交尾するのです．

ライオンやサルなど哺乳類の雌は，一般に妊娠中や授乳中は発情せず，交尾を受け入れません．つまり，排卵が起こらず，仮に交尾して精子をもらったとしても，新たに受精・妊娠する可能性はありません．子が離乳して初めて次の発情が起こり，通常の出産間隔はライオンでもハヌマンラングールでも約2年です．ところが，乳児を失うと，離乳したときと同じように発情が起こるのです（図9・3）．

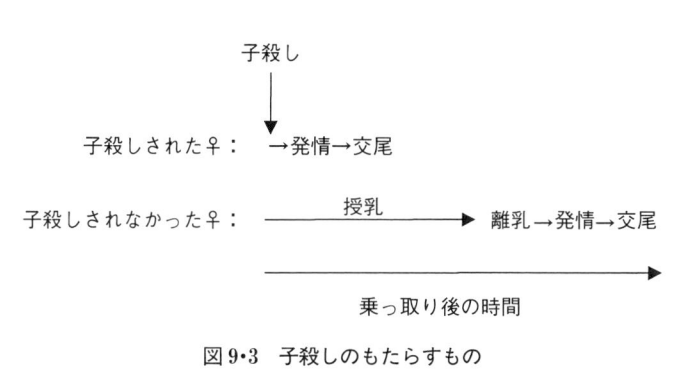

```
                    子殺し
                      ↓
子殺しされた♀：   →発情→交尾

                        授乳
子殺しされなかった♀： ───────────→ 離乳→発情→交尾

                 ────────────────────→
                      乗っ取り後の時間
```

図9・3　子殺しのもたらすもの

9・3・1　雄の適応度

つまり，雄の立場からいえば，雌を発情させて交尾できる状態にするために，子殺しをするのだと考えられます．雄は群れの乗っ取りに成功したとしても，いつかは他の雄に攻撃されて乗っ取られる可能性があります．雄が雌とともに過ごせる期間は，平均すると2年程度しかありません．もし子殺しをしなければ，乳児を抱えた雌と交尾できるのは1年以上後になるかもしれ

ません．それに対して，子殺しをすれば，すぐに自分の子を作ることができます．一方，すでに子が乳離れしていれば，雌は発情してくれるので，前の雄の子であるからといって，あえてそれを殺す必要はありません．このように，種族全体の繁栄のためではなく，雄が自分自身の子供をより多く作るために，子殺しという行動をとると考えればうまく説明できるのです．

9・3・2 雌の適応度

では，雌にとってはどうなのでしょう．自分自身の子をより多く残すという理屈が正しいとすれば，それは当然，雌にも当てはまるはずです．しかし，雌は自分の子を殺されます．なぜ抵抗しないのでしょうか．抵抗したくてもできないというのが真相のようです．ライオンや一夫多妻のサルでは，雄のほうが雌より大きく，けんかをしても体力的に歯が立ちません．では，乳児を連れて群れから逃げ出すのはどうか．これも，もともと群れ生活をしていることを考えると難しい選択です．乳児を連れた雌ライオンは狩りができないし，子連れのハヌマンラングールは敵に襲われる危険性が高くなります．つまり，群れから離れると，子のみならず自らの命も縮まる危険性があるのです．したがって，群れに残らざるをえない．しかし，そうすると子殺しを防ぐことはできない．ではその後どうすればいいのか．子殺しした雄との交尾を拒否するという選択も考えられます．しかし，群れの中に他には雄はいないのだから，雌は自分の次の子を早く作るには，子殺しした雄の交尾を受け入れるほかないのです．このような雌雄不平等の社会においては，雌は次善の策として，子殺しとその後の交尾を受け入れざるをえなくなっていると考えられます．

ここで誤解のないように注意しておきたいのは，雌はけんかに勝った「強い雄」の子供を残そうとしているのではないということです．たしかにその時点では乗っ取りに成功した雄のほうが強いといえますが，前の雄だって若いときは強かったかもしれません．「強い」という性質を子に伝えるには，それが遺伝的な性質であることが必要です．若い雄と歳取った雄のけんかで若い雄が勝ったとしても，その若い雄のほうが「強い遺伝子」をもっている

という保証はないのです．

9・4　種族繁栄論の誤り

このように，乗っ取りの後に規則的に起こる子殺しは，決して異常な現象ではなく，雄にとって自分自身の子をより多く残すための行動であると説明できました．それが種全体の個体数を減らすことにつながるとしても，このような行動が進化してきたのです．つまり，限られた滞在期間中に，子殺しする雄はそれをしない雄よりも，より早くより多くの雌と交尾できるから，次世代には子殺しする雄の性質を受け継いだ子孫が増えていくのです．前章でも紹介したように，ある個体がどれだけ自分自身の子を次世代に残せるかという指標を適応度と呼び，より適応度の大きい性質が進化していくと考えられます．子殺しをする雄の適応度は，子殺しをしない雄の適応度よりも大きい．あるいは，子殺しの後，その雄との交尾を拒否する雌よりも，交尾を受け入れる雌の適応度のほうが大きい．だからこそ，それぞれの行動が進化してきたのです．

いわゆる種族繁栄論，すなわち種全体の個体数の増加を基準とした考え方では，子殺し行動は説明できませんでした（図9・4）．異常現象とみなすの

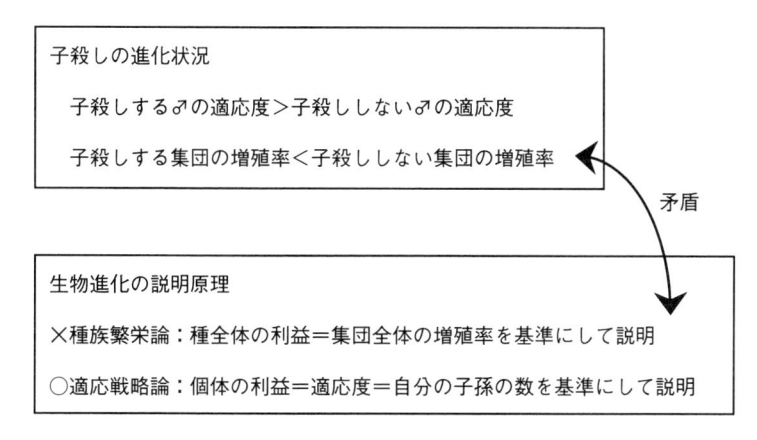

```
┌─────────────────────────────────────────┐
│ 子殺しの進化状況                          │
│   子殺しする♂の適応度＞子殺ししない♂の適応度 │
│   子殺しする集団の増殖率＜子殺ししない集団の増殖率 │
└─────────────────────────────────────────┘
                                    矛盾
┌─────────────────────────────────────────┐
│ 生物進化の説明原理                        │
│ ×種族繁栄論：種全体の利益＝集団全体の増殖率を基準にして説明 │
│ ○適応戦略論：個体の利益＝適応度＝自分の子孫の数を基準にして説明 │
└─────────────────────────────────────────┘
```

図9・4　種族繁栄論と個体の適応戦略論

が唯一の逃げ道ですが，それでは規則性が説明できません．それに対して，種全体ではなく，個体ごとの適応度を基準にするとうまく説明できました．そもそもダーウィンの進化論（自然選択説）は，個体を基準とした考え方であったにもかかわらず，その後，進化論にしばしば集団全体の利益を基準とした説明が入り込んできたのです．それは，人間社会における全体主義の影響を受けたためです．全体主義は，構造化した社会において権力者にとって都合のよい考え方です．しかし，これがしばしば一般にも受け入れられてきたことには理由があります．それは，生物において，個体の利益と種全体の利益が見かけ上，一致することが少なくないからです．

たとえば，ライオンが協力して狩りをすることについて考えてみると，協力することによって，それぞれの個体は効率よく餌が手に入り，自分の子供を増やすこと（適応度の上昇）につながります．と同時に，それは結果的にライオンの集団全体，種全体の増殖をもたらすことにもなります．したがって，「ライオンの狩りにおける協力は，種族繁栄のための見事な工夫です」と説明されても特別矛盾を感じないのです．しかしそれは進化のしくみを説明したものではありません．各個体にとって他個体と協力したほうが，より多くの自分の子孫が残せた結果，協力行動をする遺伝子が広まっていったというのが進化的説明なのです．

集団の利益を基準とする種族繁栄論が誤りであり，ダーウィンの基本に戻って，個体の適応度を基準にして説明しなければならないということは，1970年頃から再認識されるようになりました．そして，それを理論的基盤とすることにより，子殺しをはじめ，それまではうまく説明できなかったさまざまな行動・社会・生態が進化的な視点から説明できるようになりました．この新しい分野は行動生態学・社会生物学と呼ばれています．

10. 条件付き戦略と代替戦略

　個体の適応度を基準とした行動生態学・社会生物学の考え方を，もう少しちがう例をあげて説明しておきましょう．自然選択のしくみにより，環境条件に応じて最適な性質が進化していきます．それを最適戦略ともいいますが，すべての個体がいつでも最適なやり方を実現できるとは限りません．それぞれの個体がおかれた社会的条件に応じて，異なる行動をとることがよくみられます．また，最適戦略は1つであるとも限りません．ここでは魚類を例にあげて，繁殖をめぐる条件付き戦略，代替戦略を紹介します．

10・1　条件付き戦略：ホンソメワケベラの社会と性

　共生のところでも紹介したホンソメワケベラは，全長10 cmほどになるサンゴ礁魚類で掃除行動をして餌を得ています（図4・7参照）．この魚はハレム社会で暮らしています．雄は互いに排他的な「なわばり」をもち，その広さは直径数十メートル．そのなかに，平均すると5匹ほどの雌がすんでいます．雄は常になわばりをパトロールし，雌に出会うと，体の後半部を強く波打たせて泳ぎ寄ります．これは雄独特の行動で，「尾振り」行動と呼ぶことにします．雌はふだんは特別な行動で応えることはありません．

10・1・1　ハレムにおける産卵行動

　さて，繁殖時刻（サンゴ礁ではふつう満潮の直後）になると，雌のお腹は卵で膨らみ，明らかにそれとわかります．このような雌は，雄の尾振り行動に対して，体をS字状に曲げて膨らんだ腹を雄に見せます（S字誇示）．このようなやりとりをくり返して，やがて2匹は底から離れて上昇していきます．そして，雄が雌の背中に乗る格好で，斜めに1mほど急激にダッシュします．すると，夜空に開いた打ち上げ花火のように，水中に白いものが直径10 cmほどにパッと拡がります．放卵放精です．卵と精液が水中に放出

され，体外受精するのです．雌雄は急いで底のほうに戻っていきます．一方，直径 0.7 mm 弱の球形の受精卵は，潮に流されていきます．

　繁殖盛期には雌は毎日1回産卵します．一方，雄のほうはある雌とのペア産卵がすむと，なわばりをパトロールしてお腹の大きい別の雌に求愛し，その雌とも産卵上昇をします．もし，ハレムの雌5匹のお腹がすべて大きければ，雄は1時間ほどの間にそれらの雌たちと次々にペア産卵を行うのです．つまり，1日あたりの雄の繁殖成功（受精卵数）は大ざっぱにみて，雌1個体あたりの5倍ほどにもなるのです．

10・1・2　小さな雄はどこにいる？：雄除去実験

　さて，このような一夫多妻のグループで繁殖しているのであれば，ハヌマンラングールのように，アブレ雄がいるはずです．ところが，いくら探してもそれが見つからないのです．ちなみに，ハレムの雌と雄の大きさを調べてみると，必ず雄はどの雌よりも大きい，つまり，小さい雄が見つからないのです．先ほど受精卵は潮に流されると書きましたが，2日ほどで全長1.8 mm ほどの仔魚が孵化し，しばらく（おそらく1カ月弱）浮遊生活を送ります．そして全長1 cm になるとサンゴ礁に下りてきます．雄だけが長期間浮遊生活を送っているのかというと，そうでもないのです．では，小さい雄はいったいどこにいるのでしょうか？

　ライオンやハヌマンラングールではアブレ雄による乗っ取りがみられますが，ホンソメワケベラでもアブレ雄がどこかにいるのなら，ハレムのなわばり雄がいなくなったときに必ずやってくるはずです．だとすれば，雄を取り除く実験をしてみればわかるはずです．自然状態で雄が死亡したときの状況を，人為的に再現してみようというわけです．ハレムの雄を取り除いてみると，やはり別の雄がやってきました．ただしそれは，見知らぬアブレ雄ではなくて，隣のハレムの雄だったのです．配偶者の数を増やそうとして，侵入してくるのです．そして，そのまま，なわばりの拡大に成功して，合計10匹の雌を支配することもあるのです．

　しかし，雄を除去されたハレムの雌たちが，隣の雄に対抗して，なわばり

の防衛をすることもあります．その中心となるのは雌の中で一番大きい個体であり，とくにそれと隣の雄の大きさがあまり違わないときには激しく抵抗します．そして雄を除去して1時間ほど経つと，この雌の行動がさらに変化します．他の雌たちに対して「尾振り」を始めるのです．なわばり防衛だけではなく，求愛行動まで雄のまねをするのです．さらに繁殖時刻になると，なんと産卵行動のまねごとまでしてしまいます．他の雌の背中に乗り，上昇ダッシュするのです．そして，放卵までさせてしまうのです．もちろん放精はできませんから，受精はしません．無駄な放卵をさせるわけです．ところが，除去から2週間もたつと，なんと受精卵ができるのです．つまり，この雄役をしていた雌が精子を出したのです．ほんとうに「性転換」してしまったのです．

10・1・3　性転換と適応度

2週間のうちに，雌の体の中の卵巣から次第に卵細胞が吸収され，代わりに精子が作られて，精巣に変化してしまったのです．しかも，このような変化を起こしたのは，もと一番大きかった雌だけ．つまり，ホンソメワケベラでは性は生まれつき決まっているのではなくて，グループ内の社会的地位によって決まるのです．これを社会的性決定といいます．あるグループ内で一番大きく強いものだけが雄になれる．だから，小さい雄がいなかったのです．小さいときはみんな雌だったのです．このように，小さいときは雌で，大きくなってから雄に性転換することを，雌性先熟の雌雄同体と呼んでいます．実は魚では決して珍しいことではなくて，一夫多妻で繁殖する種類には多くの例が知られています．このように，同じ個体がそのときどきの社会的条件に応じて性などの性質を変える場合を，条件付き戦略と呼んでいます．

性転換するから性比が雌にかたよっているわけですが，だとすると種族繁栄論で説明できるのではないのか，と考えた人がいるかもしれません．つまり，グループ全体としての子孫の数を増やすためには，雄は1匹だけでよく，それを決めるしくみとして性転換が進化したのではないかと．しかしそれなら，なぜ一番大きい個体に雄役をさせるのでしょう．大きな雌ほどたく

さんの卵を作れるので，グループ全体の作る卵の数を増やすには，一番小さい個体に雄役をさせるのが最も効率的なはずです．やはり，種族繁栄論では説明できません．ここでも，個体の適応度を検討してみましょう．

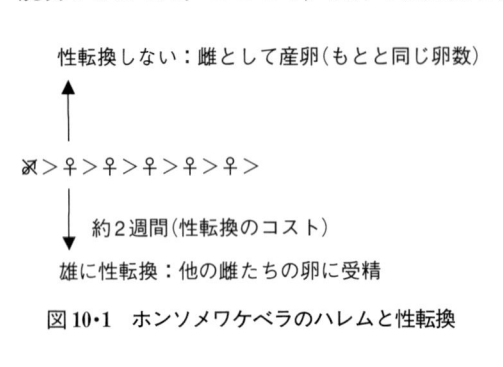

性転換しない：雌として産卵（もとと同じ卵数）
↑
♂＞♀＞♀＞♀＞♀＞
↓ 約2週間（性転換のコスト）
雄に性転換：他の雌たちの卵に受精

図10・1　ホンソメワケベラのハレムと性転換

雄が死んだあと，一番大きい雌の選択肢は2つあります（図10・1）．すなわち，隣の雄の侵入を受け入れて，そのまま雌として繁殖を続けるという選択と，性転換して雄になるという選択です．雌のままだと，1日あたりの繁殖成功は以前と同じです．一方，性転換すると，残りの雌たちの卵に受精できますから，その合計が自分が雌として産める卵数を上回るなら，性転換したほうが繁殖成功は大きくなります．ただし，性転換して雄としての繁殖を開始するまでには，2週間かかると述べました．この間は，生殖腺(せん)を変化させている途中で，まったく繁殖はできませんので，その損失（コスト）も考慮しなければなりません．性転換して雄として繁殖を開始してから，この損失を埋め合わせることができるまで生き延びる見込みがあれば，性転換したほうが得することになります．

10・1・4　性転換のコスト

このように，ある性質の進化に関しては，一般にその性質をもつことによる利益（ベネフィット）と損失（コスト）の差引を考えなければならないのです．もちろん，ホンソメワケベラの雌が，雄が死ぬたびに頭の中でこんな損得計算をしているわけではありません．自分より大きい個体がいなくなったときに性転換を開始するという遺伝的性質をもった個体が，そうでない個体と比べて結果的により多くの子孫を残していくことができた，ということです．

では，雄がいなくなったときに，小さな雌たちはどうして性転換しないの

でしょうか？　もし雄の行動をとり始めると，必ず最大個体に攻撃され，性転換したとしてもアブレ雄になるしかありません．それよりは，小さいうちは雌として繁殖したほうが，適応度が大きくなるというわけです．

　さらに，ホンソメワケベラと同じように大きな（強い）雄が雌を独占する一夫多妻の哺乳類などで，性転換がみられないのはどうしてでしょうか？あぶれるくらいなら，なぜ最初は雌として繁殖しないのでしょう．それは，性転換のコストの大きさの問題です．哺乳類をはじめ陸上動物では，水中にすむ魚類とはちがって体外受精はできず，交尾（体内受精）しなければなりません．そのための生殖器官が雄と雌で大きくちがっているのです．さらに哺乳類では妊娠のための器官も雌にだけ発達しています．このように雌雄の体構造のちがいが大きくなると，当然，性転換するためには時間もエネルギーもより多く必要になってきます．このコストが大きくなりすぎると，性転換による利益があったとしても見合わないのです．

逆方向の性転換

　ホンソメワケベラなど一夫多妻の魚類には雌から雄に性転換するものが少なくありませんが，その逆に雄から雌に性転換する魚類も知られています．
　サンゴ礁にみられる大型（直径 30 cm 前後）のイソギンチャクを隠れ家として利用しているクマノミ類もその1つです．1つのイソギンチャクに3匹以上のクマノミがすむこともありますが，その中で繁殖しているのは大きな2匹だけで，大きさ第3位以下は未成熟です．つまり，一夫一妻です．そして，繁殖ペアでは，必ず雌のほうが大きいのです．雌が死ぬと，雄が雌に性転換し，第3位の個体が雄として成熟します．ホンソメワケベラとは逆に，雄から雌に性転換するのですが，なぜ，大きいほうが雌になるのでしょうか？　雌が死んだとき，雄には2つの選択肢があります．自分は雄のままで，第3位個体に雌として成熟してもらうという選択肢と，自分が雌に性転

換するという選択肢です．答は簡単です．大きな雌ほどたくさんの卵が作れるので，2匹のうち大きいほうが雌になったほうが，2匹どちらにとっても繁殖成功が大きくなるのです．一夫一妻，つまり雄にとっての配偶者の数が1雌に限られているから，そういうことになるのです．

　枝状のサンゴにすむダルマハゼも一夫一妻ですが，社会的地位に応じて，雌から雄にも，雄から雌にも，双方向に性転換できることがわかっています．実は最近，ホンソメワケベラでも，実験的に独身の雄どうしを出会わせると，小さいほうが性転換して雌に戻ることが確認されました．ハレム社会で暮らすホンソメワケベラで独身雄どうしが出会うことは非常にまれだと考えられますが，そのまれな状況において（社会的条件に応じた）逆戻りの性転換をする個体のほうがしない個体よりも適応度が少しでも大きくなるのなら，そのような性質が自然選択されると考えられます．

10・2　代替戦略：なわばり雄とスニーカー雄

　淡水魚ブルーギル・サンフィッシュはもともと北米原産ですが，1960年代から日本にも持ち込まれ，今では各地の池や湖で繁殖しています．鰓蓋（ギル＝鰓）に青っぽい模様をもつことから，ブルーギルという名前が付いています．

10・2・1　雄の繁殖戦術

　ブルーギルの大きな雄（全長17 cm前後）は，池の底を掘ってすり鉢状の巣を作り，そのまわりをなわばりとして防衛します（図10・2）．ほかの雄が近付くと追い払います．お腹の大きな雌がやってくると求愛して巣に呼び込み，ペアで寄り添って巣の中に産

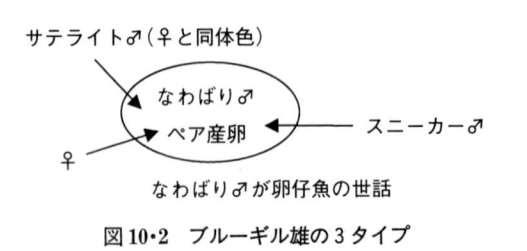

図10・2　ブルーギル雄の3タイプ

卵します．産卵を終えた雌は巣から出ていきますが，雄は残って卵の世話をします．孵化した仔魚も 4〜5 日巣にとどまり雄の保護を受けます．

　このペアの産卵中に突然，小さな個体（全長 7 cm 前後）が飛び込んでくることがあります．これはスニーカーと呼ばれる雄で，精子をかけて逃げていきます（図 10・2）．なわばり雄に見つかると追い払われるので，雌がくるまで近くの水草の陰などに隠れて待っているのです．さらに，雌と同じような体色をした中くらいの大きさ（全長 10 cm 前後）の雄もいます．この雄はサテライト雄と呼ばれ，雌に似ているために巣の近くにいてもなわばり雄に追われません．そして，このサテライト雄も，雌がやってきてなわばり雄とペア産卵する瞬間に飛び込んで放精するのです．

10・2・2　繁殖と成長のトレードオフ

　つまり，ブルーギルの雄は，大中小それぞれの大きさに応じて，異なる繁殖行動をとっているのです．これは，成長に伴う行動の変化なのでしょうか．鱗で年齢を調べてみると，スニーカーは成長すると雌に擬態したサテライト雄になることがわかりました（図 10・3）．これは条件付き戦略です．しかし，サテライト雄には 6 歳以上の個体はいませんでした．一方，なわばり雄は 7 歳以上であり，1 年のギャップがあります．なわばり雄になるものは，スニーカーからサテライト雄を経たものではなくて，小さいときには繁殖せず，7 歳になって初めて成熟してなわばりをもつというやり方をしていたのです（図 10・3）．

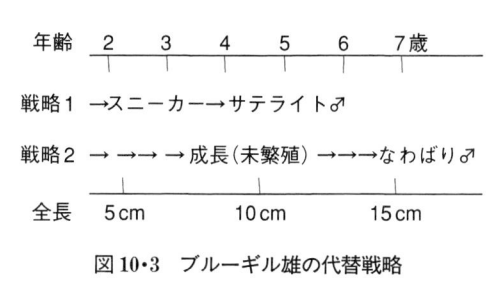

図 10・3　ブルーギル雄の代替戦略

　単純に考えると，小さいときにも繁殖したほうが，生涯繁殖成功（適応度）は大きくなるように思えますが，なぜそうしないのでしょうか．それは，繁殖と成長がトレードオフになっているからです．つまり，繁殖活動を

するとその分，成長がにぶります。早くなわばりがもてる大きさになるためには，小さいときの繁殖をあきらめたほうがよいのです。一方，小さいときから繁殖するスニーカーは，繁殖活動にエネルギーを取られるために大きくなれず，なわばりがもてないのです。成長か繁殖か，どちらを採るかによって，2つのタイプに分かれているのです。

10・2・3　頻度依存

　この2つのタイプは，それぞれの頻度（割合）によって，繁殖成功が変わってきます。もし，池の中でなわばり雄が少ないと，そこに雌が集中してくるので，なわばり雄の繁殖成功は大きくなります。一方，たくさんいるスニーカーは，ねらうべき巣が少ないために，繁殖のチャンスがあまりありません。逆に，なわばり雄が多いと，なわばり雄同士で適当な営巣場所をめぐる競争が激しくなり，むしろスニーカーのほうが選り取り見どりで，繁殖のチャンスを窺えます。つまり，集団中の自分のタイプの頻度に逆依存するかたちで，繁殖成功が変化するのです。そして，両タイプの適応度が等しいところで安定すると考えられます。これを頻度依存淘汰と呼んでいます。2つの代替戦略は，両者の適応度が等しくなる平衡頻度で共存できるのです。

11. 種分化と系統樹

　生物進化のプロセスでは新しい遺伝子が広まっていくだけでなく，新しい種も誕生します．進化というとそちらのほうを思い浮かべる人のほうが多いかもしれません．ここでは新種誕生のしくみと，多様化した生物の系統関係の推定方法について考えてみます．

11・1　種の起源＝種分化

　先に自然選択の例としてとりあげたオオシモフリエダシャクの場合は，体色が白から黒に変化しても同じ種だとみなされています．しかし，何十万年・何百万年もの長い時間が経過すると，体色だけでなくさまざまな性質に関して突然変異が蓄積していき，もとの集団とのちがいはどんどん拡大していくでしょう．ではどのくらいちがえば新しい種になったといえるのでしょうか？　残念ながら，それを決める論理的な基準は存在しません．連続的に変化しているものに区切りをつけることなど不可能ですから．ただし，化石の研究（古生物学）では古い時代の地層から出てくる化石と，新しい時代の地層から出てくる化石の特徴（形態）がある程度ちがっていれば別種として扱っていますが，これは分類整理上の，あくまでも便宜的な処置です．

11・1・1　地理的隔離による種分化

　明確に別種と判定できるのは，分岐的種分化の場合だけです．つまり，共通の祖先から2つの集団に分かれて別種になるというケースのことです．この場合，集団が分かれるとは，遺伝的交流がなくなること，言い換えれば，2つの集団間で繁殖ができず，生殖隔離が起こることをいいます．ではどのような原因から生殖隔離が生じるのでしょうか？　多くの場合は地理的隔離によるもので，異所的種分化と呼ばれています．

　たとえば，アフリカ大陸とアメリカ大陸は古生代の終わり頃（約2億4千

万年前）には合体していたことを前に述べました．そのころに淡水魚のA種がすんでいたとしましょう．その後，大陸移動によって両大陸が次第に離れていき，アフリカ大陸のA種の集団とアメリカ大陸のA種の集団は互いに隔離されてしまいました．淡水魚なので海を渡って交流することができないからです．そして時間の経過とともに，それぞれの集団で突然変異が生じます．しかし，両方で同じ突然変異が起こるという可能性は低いです．また，両大陸で環境条件が違ってくれば，自然選択によって選ばれる性質もちがってくるはずです．したがって，時間が経過すればするほど，両集団のちがいは大きくなっていく．つまり，A種を共通の祖先として，A1とA2という2つの種に分かれていったのです（図11・1）．ただし，AとA1，ある

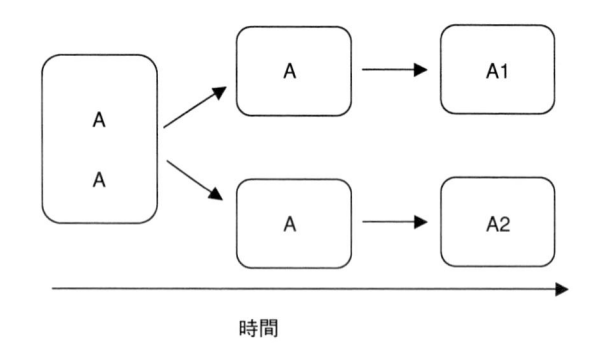

図11・1　地理的隔離による異所的種分化

いはAとA2を別種として区別することができないのは，先に述べた通りです．

11・1・2　同所的種分化

　一方，地理的隔離がなくても生殖隔離が起こることもあります（同所的種分化）．たとえばコムギなど一部の植物では，2種間の雑種が染色体の倍数化を経て別種になったことが知られています（図11・2）．ふつう，雑種は相同染色体がそろっていないので，生殖細胞を作るための細胞分裂（減数分裂：詳しくは後述）ができません．たとえば，ラバはウマとロバという2種

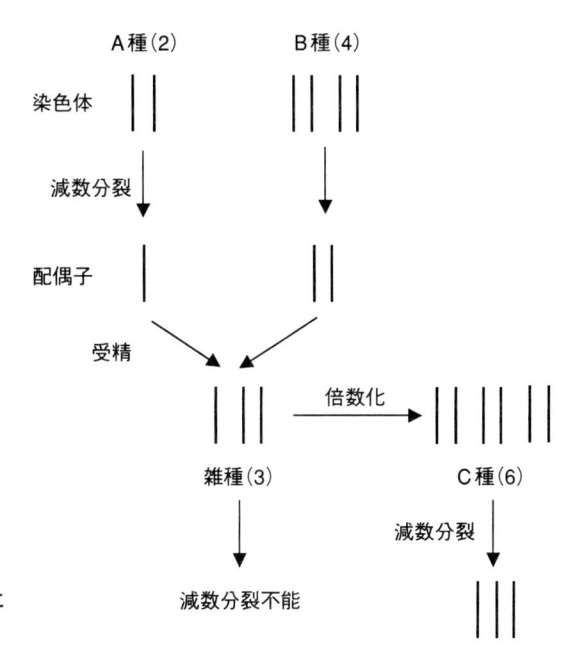

図 11·2 雑種形成と倍数化による種分化の原理

の両親からできた雑種ですが，生殖能力はありません．植物の雑種の場合も同様ですが，ムギ類などではできた雑種が細胞分裂する過程で染色体が倍数化することがあります．細胞分裂では，まず1つの細胞の中で染色体（DNA）の複製が行われ，その後，その半分ずつ（すなわちもとと同じ本数のセット）が細胞の両側に分かれて，真ん中に新たな仕切りができ2つの細胞になります．染色体のコピーが終わったのに新たな仕切りができない，つまり1つの細胞中にもとの倍の染色体をもつようになるのが倍数化です．倍数化した細胞は減数分裂が可能になり，生殖能力を手に入れることになるのです．動物では，配偶者選択による同所的種分化の可能性も指摘されていますが，配偶者選択については後にふれることにします．

11·2 系統関係の推定方法

このような分岐的種分化をくり返すことによって，地球上の生物の種数が

増え，多様化してきました．つまり，現在みられる生物たちも，もとをたどれば共通の祖先に行き着くということになります．もちろん，より最近に種分化したものほど近縁とみなすわけですが，具体的な系統関係はどのようにしてわかるのでしょうか？

11·2·1　比較形態学

まず昔から行われているのが，体の形や構造などさまざまな性質（形質）を異種間で比較するという方法です．そして判定基準は，よく似ている2種ほど近縁だとみなす単純なものです．一般に，種分化してからの時間が経過すればするほど2種間のちがいは大きくなっていくはずだから，近縁なものほど似ているはずです．しかし，その逆は必ずしも成り立ちません．他人の空似がありうるからです．つまり，ずっと昔に分岐した2種でも，二次的に生活のしかたが似てくると形態も似てくることがあるのです（図11·3）．たとえば，空を飛ぶコウモリは翼をもちますが，コウモリは鳥類ではなく哺乳類であることが，他の性質の比較からわかっています．つまり，比較に用いる形質の種類を十分に多くすれば，他人の空似を見破ることができるはずですが，いつでもそれが可能とは言い切れないのです．形質の比較だけでは限界があるのです．

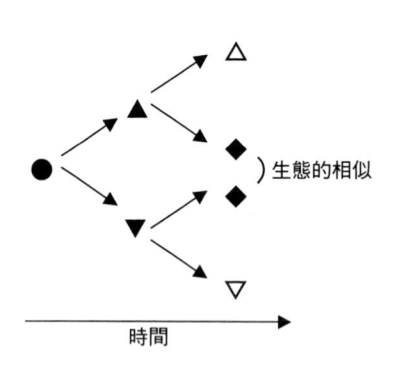

図11·3　系統関係と生態的相似

11·2·2　分子時計

そこで登場したのが，それぞれの種のもつ遺伝子DNA分子の塩基配列，あるいはその設計図に基づいて作られたタンパク質分子のアミノ酸配列を比較するという方法です．この方法では他人の空似問題は生じないし，さらに分岐してからの時間まで推定できるというオマケまでついてきます．この理論的基盤となったのが，木村資生の提唱した分子進化の中立説，すなわち，

中立突然変異遺伝子の遺伝的浮動の理論です（コラム参照）．

中立説＝中立突然変異遺伝子の遺伝的浮動

　中立突然変異とは，DNAに変化が生じても適応度が変わらない場合のことです．たとえば，すでに述べたように，DNAの塩基配列の変化によりアミノ酸1つが置き換わったとしても，タンパク質全体の性質には影響を及ぼさない場合があります．このとき，表現型ももちろん変化しないので適応度はもとと同じです．もし適応度に差があれば，すでに述べたように，適応度の大きいほうが自然選択によって増えていきます．しかし適応度が同じなら，自然選択によってどちらかが増えたり減ったりすることはありません．つまり，中立突然変異遺伝子の集団中の割合は，最初たとえば1％だったとしたら，そのまま何世代経過しても変わらないはずです．

　ところが現実には，中立突然変異遺伝子の集団中の割合は変化していきます．これを遺伝的浮動と呼んでいます．なぜか？　答えは，「偶然」．ただし，確率的に予測できる偶然です．コイン投げにたとえてみると，表と裏は同じ回数出ると期待されるにもかかわらず，実際にやってみると表が続けて10回出るということも起こります．そんな偶然が起こる確率が計算できるのです．同様に，新たに生じた中立突然変異遺伝子をもった個体が，たまたま豊富な餌にめぐりあって2倍の子を残せたとしたら，次世代の割合はたとえば1％から2％へと増加します．こういう偶然が何世代も続けば，やがて中立突然変異遺伝子が集団中の大半を占める（固定する）ようになります．もちろん，もとの頻度が低いので，集団中から消失する確率のほうが高いわけですが，集団中に固定されるという偶然が起こる確率が計算できるのです．そして，集団の大きさにかかわらず，一定時間内に一定数の中立突然変異遺伝子が固定されることが理論的に証明されているのです．

中立説によると一定時間内に一定数の中立突然変異遺伝子が固定されるということですから，2種のDNAを比較して異なる中立突然変異遺伝子の数を数えれば，2種が分化してからの時間が計算できることになります．つまりDNAが「分子時計」として使えるのです．具体的には，系統関係を明らかにしたい複数種間で，同じ働きをしているタンパク質を見つけて，そのアミノ酸配列のちがい，あるいはその設計図に相当するDNAの塩基配列のちがいを調べます．もしちがいがあれば，中立突然変異が2種のうちどちらかに固定したことを意味します．そして，中立突然変異遺伝子の固定数は時間に比例するのですから，分岐してから長い時間が経過した2種間ほど多くのちがいが見つかるはずです．

たとえば，ある酵素として働くタンパク質について，A種とB種ではアミノ酸のちがいが2つ，A種とC種のちがいが4つなら，A種とC種が分岐してからの経過時間は，A種とB種が分岐してからの時間の2倍と推定できるのです（図11・4）．突然変異の生じやすさはDNAの部位によって異

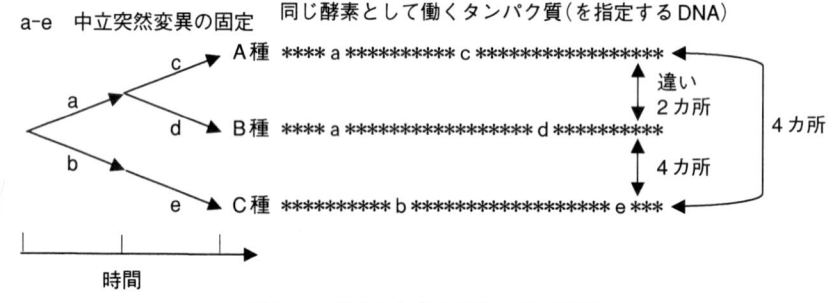

図11・4　種分化と中立突然変異の蓄積

なる可能性があるので，できるだけ多くのタンパク質に相当する部分でちがいを比較する必要があります．こうしてできあがった系統関係の図を分子系統樹と呼んでいます．次に具体例として，人類につながるサルたちの系統樹をみてみることにしましょう．

11・3 人類の系譜

現在，地球上に生息する人類は，ただ1種であり，*Homo sapiens* という学名が付けられています．これまで発見された他の生物種に対しても，このような分類学上の名前が付けられています．山田太郎という日本人の氏名のように，単語2つ（ただしラテン語）で表す約束になっています．*Homo* が属名（ヒト属），*sapiens* が種名（種小名）で「知恵のある」という意味をもっています．つまり，現代人はみんな「賢いヒト」なのです．

ちなみに「人種」という言葉がありますが，この「種」は上記の種とはレベルが異なります．たとえば黒色・白色・黄色「人種」などと，肌の色で区別したとしても，すべて *Homo sapiens* という1つの種に属していることは間違いありません．なぜなら，どのような「人種」間でも子を作ることができて，かつその子が生殖能力をもつことがその証拠です．肌の色のちがいなどは，あくまでも種内変異（地理的変異）であり，別種というレベルの話ではありません．

さて，分類学では，似た（近縁な）種をまとめて1つの属とみなし，次に似た属をまとめて1つの科にするというふうに，段階的にグループ分けして整理をしています．その基本的な分類段階は，種・属・科・目・綱・門・界です．現代人の位置付けは，ヒト属・ヒト科・サル目（霊長目）・哺乳綱・脊椎動物門・動物界ということになります．サル目の中での位置付けをもう少し詳しくみると，ヒト科はテナガザル科とともにヒト上科（ヒトニザル上

```
動物界
  脊椎動物門
    哺乳綱
      霊長目（サル目）
        ヒト上科
          ┌ テナガザル科      9種
          │ オランウータン科 ┌ オランウータン
          └ ヒト科           │ ゴリラ
                              │ チンパンジー
                              │ ボノボ（ピグミーチンパンジー）
                              └ ヒト（現生人類） Homo sapiens
```

図 11・5　ヒトの分類学的位置

科ともいう）というグループを構成しています（図11・5）．

　ヒト上科とはいわゆる類人猿のことです．このうちテナガザル科には9種が含まれ，いずれも東南アジアの熱帯森林に生息しています．ヒト科にはヒトのほかに，オランウータン（東南アジア），ゴリラ（熱帯アフリカ），チンパンジー（熱帯アフリカ），ボノボ（ピグミーチンパンジーとも呼ぶ；熱帯アフリカ）の4種の大型類人猿が含まれます．昔の分類体系では，この4種の大型類人猿はオランウータン科に含められ，ヒト科はヒトのみとされていました．それが先に述べたDNAの塩基配列，あるいはタンパク質のアミノ酸配列の比較による分子系統の研究が進むにしたがって，まずゴリラ・チンパンジー・ボノボがヒト科へ移され，さらにオランウータンもヒト科に含めてオランウータン科をなくすという方向に変わってきました（図11・5）．要するに，分子のレベルでそれだけヒトに似ていることがわかってきたからです．

　ちなみにヒトとチンパンジーあるいはボノボではDNAの塩基配列の98％が共通しており，ヒトとオランウータンでも97％共通しているといわれています．これら大型類人猿の分子系統樹を図11・6に示しました．1300万年前の化石としてラマピテクスと呼ばれる大型類人猿が出土しており，これはオランウータンの祖先と考えられています．この1300万年前を

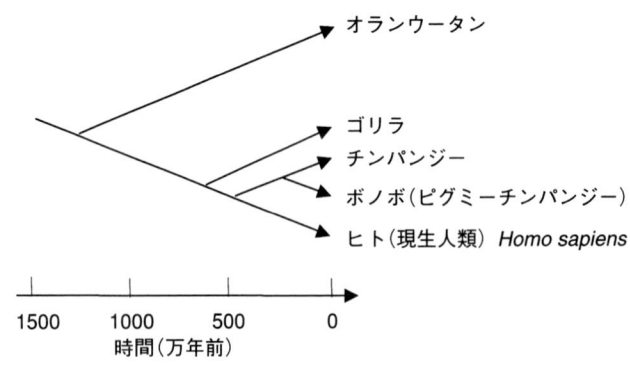

図11・6　ヒト科の分子系統樹

オランウータンと他の大型類人猿が分岐した年代とみなし，分子時計の手法でDNAのちがいを分岐年代のちがいに置き換えて作られた系統樹が図11・6です．ヒトとゴリラは約660万年前に分岐し，チンパンジー・ボノボとは約500万年前に分岐したことになります．ちなみに，最も古い人類の化石は，アフリカから出土したラミダス猿人だとされており，今から約440万年前のものです．これらのことから，約500万年前にアフリカにおいて最初の人類が誕生したと考えられています．

　化石の出土状況からすると，人類がアフリカから東南アジアまで拡がったのが古く見積もって約200万年前，ヨーロッパに進出したのはせいぜい100万年前だとされています．そしてアジアからアメリカ大陸やオーストラリア大陸に渡ったのは，わずか数万年前のことです．ただし，化石人類のすべてが現代人の直接の祖先に当たるわけではなく，複数種の人類（「人種」ではなく別種の人類）が生存していた時代もあったと考えられています．

第3部
なぜ性が必要になったのか？

12. 無性生殖と有性生殖

　遺伝子 DNA を子孫に伝えるためには生殖しなければなりません．子供を作るには，雄と雌の協力が必要と考えがちですが，生物の中には雄と雌という性とは関わりなく子を作ることができる種類も存在します．つまり，生殖方法には無性生殖と有性生殖の 2 つがあるのです．まず，単細胞の細菌と，特殊な生物であるウイルスの生殖方法をみて，そのあとで真核生物の受精の本質を検討してみましょう．

12·1　細菌（バクテリア）の生殖

　大腸菌などの細菌（バクテリア）はたった 1 個の細胞からなる単細胞生物で，2 分裂によって増えていきます（図 12·1）．このとき，細胞内の DNA も正確にコピーされます．これら核をもたない原核生物では，DNA は何本かに分かれて存在するのではなくて，二重らせんの両端がくっついて 1 つの環を形成しています．これを環状 DNA（あるいは環状染色体）と呼びます．環状であってもコピーのしくみはまったく同じです．つまり，親

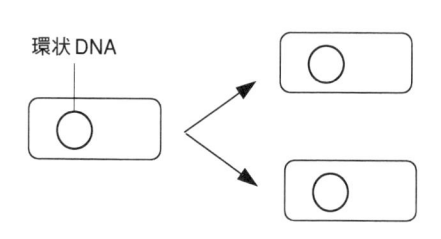

図 12·1　細菌の 2 分裂（無性生殖）

とまったく同じ遺伝子をもったクローンができるわけです．これが無性生殖の特徴です．大腸菌は条件がよければ20分に1回くらい分裂します．1時間で8倍，2時間で64倍とべらぼうな増殖スピードです．

　増えるためにはそれで十分なはずなんですが，実は大腸菌など細菌類も，接合と呼ばれる有性生殖を行うことがあるのです．顕微鏡で見ていると，2匹の大腸菌が寄り添って細胞膜を接し，しばらくするとまた別れていきます．数はまったく増えませんから，「増殖」ではありません．2匹で接合して何をしているのでしょうか．実は，有性生殖は本来，必ずしも増殖を伴うものではないのです．多くの動植物が採用している受精による有性生殖は，たくさんの生殖細胞（卵・精子）を作ることによって増殖も兼ねています．しかし，そもそもは，「性＝増殖」ではないのです．では大腸菌の接合の際に，どんなことが起こっているのでしょうか．

　接合する2個体のもつ染色体は少し違っています．大腸菌などは1つの環状DNAをもつと述べましたが，実はもう1つ（あるいは複数個の）小さな環状DNAを余分にもつ個体もいるのです．小さな環状DNAは，大きな環状DNA（主染色体と呼ぶ）の約100分の1程度の数の塩基しかなく，プラスミドと呼ばれています．ここでは，プラスミドをもつ個体を「雄」，もたない個体を「雌」と仮に呼ぶことにしましょう．2匹が細胞膜を接すると，「雄」のプラスミドだけが細胞膜を通過して「雌」の細胞内へ移動します．つまり，遺伝子の一部がある個体から別の個体へと渡されるのです（図12・2a）．これは，受精のときに精子から卵細胞内に染色体が移動するのに似ています．つまり，有性生殖とは個体間で遺伝子の混ぜ合わせをすることなのです．そして，遺伝的に親とは少し異なる子ができるのです．それこそが無性生殖とのちがいなのです．

　さらに，大腸菌のプラスミドにはおもしろい性質があって，主染色体につながることもできます．このようなタイプの「雄」が「雌」と接合した際には，プラスミドが主染色体から離れて「雌」の細胞に移っていきます（図12・2b）．このとき，プラスミドは主染色体の一部（の遺伝子）もつないだ

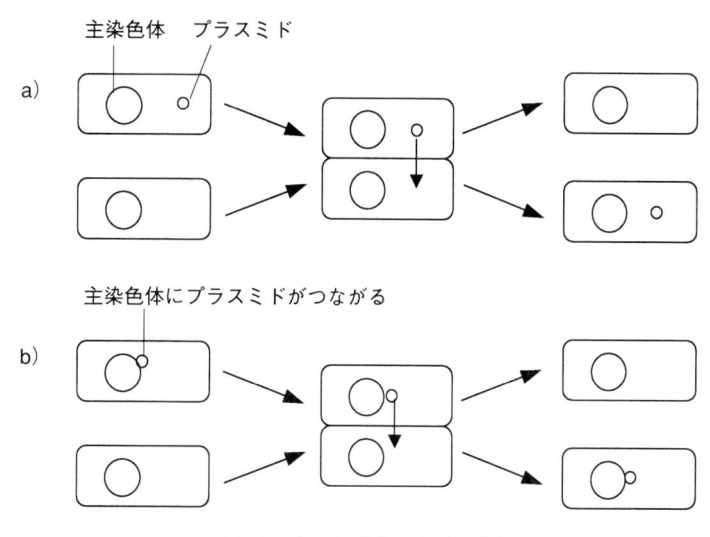

図12·2 細菌の接合（有性生殖）

まま離れることがあります．つまり，プラスミドは自ら移動するだけではなくて，主染色体の遺伝子までも他個体に運ぶことができるのです．これによって，新たな遺伝子の組み合わせができるのです．

12·2 ウイルスの増殖

実はこのプラスミドの性質は，ウイルスのもつDNAにもみられます．ウイルスのDNAも細菌のそれと同じ環状です．ウイルスはたいへん小さく，細菌（数ミクロン＝1 mmの千分の1）のさらに数分の1から百分の1くらいの大きさしかありません．そして，遺伝子DNAをもつという点では生物の特徴を備えています（ただし一部のウイルス，たとえばエイズウイルスHIVなどはふだんはDNAをもたず，代わりにRNAに遺伝情報を蓄えています）．しかし，細胞膜という構造がなく，DNA（あるいはRNA）がタンパク質の殻に包まれているだけです．膜構造がなければ，物質が出入りすることはできず，ウイルスの体内ではDNAがあってもその遺伝情報の実行はできません．つまり，代謝活動ができないわけで，その意味では生きては

いないのです．しかし，他の生物の細胞に感染・寄生することによって，生命活動を開始し増殖できるのです．

　たとえば，バクテリオファージ（細菌に感染するウイルス）は，細菌の細胞膜に取り付くと，その環状DNAだけを細菌に挿入します（図12・3）．あ

```
           バクテリオファージ
                ┌── タンパク質の殻
                └── 環状DNA
           細菌
                                紫外線など
```

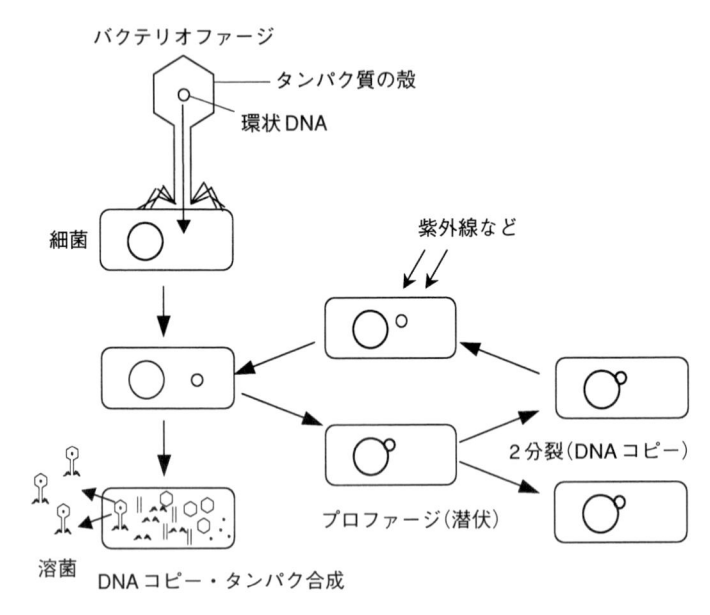

図12・3　バクテリオファージの感染と増殖・潜伏

たかも細菌のプラスミドであるかのように細胞内に入り込みます．そこで細菌のもつ酵素などを利用して，自らのDNAの遺伝情報を実行し，タンパク質合成をするとともに，DNAの複製も行い，やがて多数のファージができあがります．そして細菌の細胞膜を破って出ていき（溶菌），また次の細胞に感染します．

　一方，感染した後，すぐには溶菌しないこともあります．ファージのDNAは，先に述べた細菌自身のプラスミドと同様に，細菌の主染色体につながることもできるのです（図12・3の右側）．この潜伏状態をプロファージ

と呼びます．この状態では細菌の生命には影響を与えませんが，細菌が分裂によって増えると，プロファージのDNAもいっしょにコピーされて増えていきます．もし，感染された細菌が増殖して100匹になったとすると，ファージのDNAも100匹分に増えるということになります．そして紫外線などの刺激を受けると，プロファージは主染色体から離れ，先に述べた活動を始めて大量のファージを増殖して溶菌に至ります．このようにウイルスの増殖力には細菌もかなわないのです．しかし，ウイルスには性はありません．この無性生殖だけで子孫を増やす珍しい生物なのです．

　さらに付け加えると，さきほどの潜伏状態から独立するときに，細菌（Aとしておきます）の主染色体の一部をくっつけた状態で，ファージのDNAが離れていくことがあります．それが増殖して，別の細菌（B）に感染し，また潜伏したとしたら，ウイルスが細菌Aの遺伝子を細菌Bに運んでしまうことになります．

遺伝子組換え

　ウイルスのDNAや細菌のプラスミドの性質を利用して，ある生物のもつ遺伝子を別の生物に入れるという，いわば人工的な有性生殖が技術的に可能になっています．これは組換えDNA，遺伝子組換え，遺伝子操作，遺伝子工学などと呼ばれています．まず，目的とする遺伝子を含むDNAを細胞から抽出して，試験管内で酵素などを作用させて，プラスミドあるいはウイルスのDNAにつなぎ（組換えDNA），それを他の生物の細胞まで運んでもらうわけです（図12・4）．たとえば，人間のインシュリンというホルモンの合成に関係する遺伝子を大腸菌に入れ，その大腸菌を培養して無性生殖で増やしていけば，インシュリンを大量生産することができます．インシュリンは糖尿病の治療薬になりますが，この方法でたくさんの種類の医薬品が作られるようになってきています．また作物の品種改良や，さらに人間

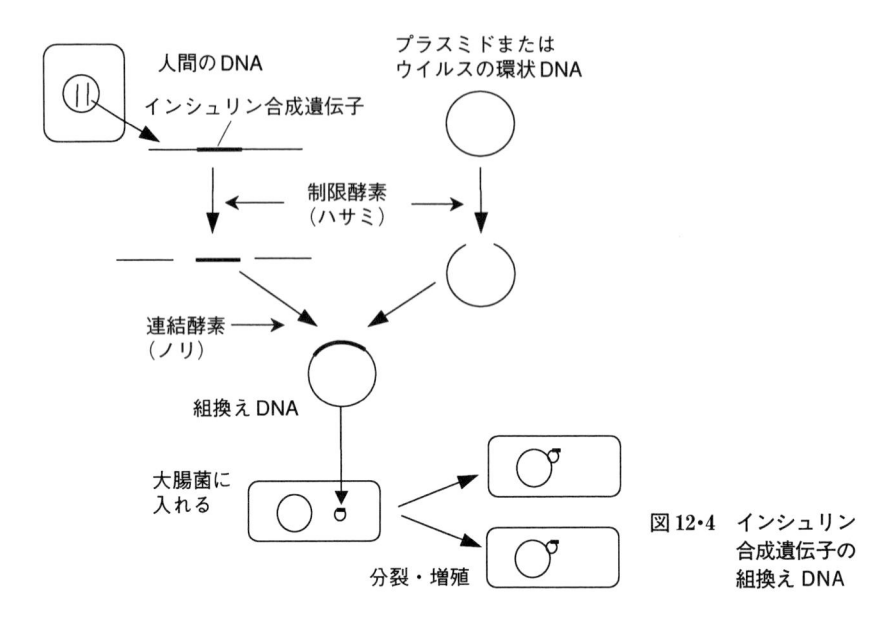

図12・4 インシュリン合成遺伝子の組換え DNA

の遺伝病の治療なども試みられています．

　ただしこの技術は，核（原子力）と同様に，諸刃の剣という側面をもっています．たとえば，ある種の病原菌に，他の細菌の猛毒の，あるいはより感染力の高い遺伝子を組み込めば，驚異的な細菌兵器を作ることができるかもしれません．また，毒性のある植物の遺伝子を作物に導入して，害虫に強い品種を作ると，生産効率は高まりますが，その毒性がわれわれ人間にも影響するかもしれません．あるいは，ある人の遺伝子を別の人に入れることができるようになれば，遺伝病の治療でなくても，遺伝子の交換が可能になることを意味します．その場合，遺伝的な個性を守るべきかどうかという，倫理的に重たい問題に直面することになります．これらの問題点は，この技術が開発された1974年当時から研究者によって指摘され，各国で組換えDNA実験指針（ガイドライン）を制定して，実験設備や実験方法の基準を決め，申請・許可制で実験を行うことになっています．

12・3　体細胞分裂と無性生殖

次に真核生物の生殖方法をみてみましょう．ゾウリムシなど単細胞の真核生物も，細菌のように2分裂によって無性的に増えることができます．一方，多細胞生物でも無性生殖することがあります．たとえば，ササやタケが地下茎を延ばしてタケノコを出し，その後，地下茎が切れてしまうと，独立した2個体になりますから，やはり無性的に子を増やしたことになります．ジャガイモの芋から芽が出て成長していくことや，挿し木で植物を増やす場合も，同様に無性的に増えたことになります．海にすむヒトデの仲間には，5本の腕のうち1本を自分で切り離し，もとの体が再生するのはもちろんのこと，1本の腕のほうからも小さな4本の腕ができ始め，やがてちゃんとそろった5本腕のヒトデになってしまう種類もいます（図12・5）．このようにしてできた「子」は，親の体の一部から体細胞分裂によってできたものですから，当然もとの体と同じDNAをもっているはずです．

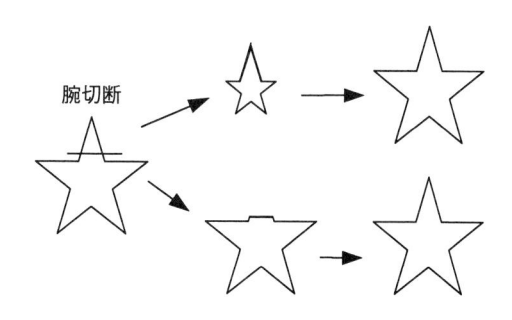

図12・5　ヒトデの無性生殖

体細胞分裂の様子を簡単にみておきましょう．前にもふれたように，真核生物のDNAは核の中で何本かに分かれていますが，互いによく似たDNA（相同染色体）が1対存在するので，総数は必ず偶数本（2n本）になっています．たとえば人間の体細胞には，相同染色体が23組，合計46本の染色

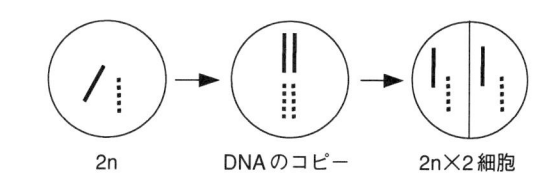

図12・6　体細胞分裂における染色体の複製

2n　　DNAのコピー　　2n×2細胞

体があります．ここでは，ある1組の相同染色体だけをとりあげて，その細胞分裂に伴う変化を模式的に図示してみました（図12・6）．分裂に先立ちDNAのコピーが行なわれ，コピーされた2本の染色体がくっついた状態で太くはっきり見えるようになります．やがて核膜が消失して染色体は細胞の中央に集まり，コピーされた2本の染色体が1本ずつ左右に移動していきます．そして細胞の中央に新たな細胞膜が形成され，2細胞になります．結局それぞれの細胞には，もととまったく同じDNAを含む2n本の染色体が存在することになります．ただし，数万〜百万回に1回くらいは，コピーミス，つまり突然変異が起こることがありますが，そのミスを除けば原則として同じDNAをコピーしているのです．

要するに，無性生殖の特徴は，自分と遺伝的にまったく同じ子（クローン）を作るということにあります．自分の遺伝子のコピーを増やしていくには，実に効率的な方法なのです．

12・4　減数分裂と受精

では，真核生物の有性生殖の場合はどうでしょうか．ここではまず，最も一般的な卵と精子の受精によって子ができる場合をみてみましょう．これらの生殖細胞（配偶子）を作る際の細胞分裂は減数分裂と呼ばれ，先ほど述べた体細胞分裂とはかなり違ったプロセスをたどります．例によって，1組の相同染色体だけをとりあげて図示してみました（図12・7）．

コピーされた2本のDNAがくっついて太くなった染色体が，細胞の中央

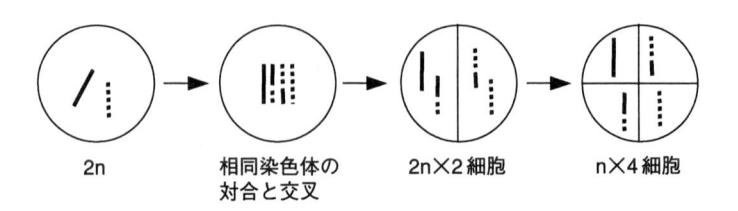

図12・7　減数分裂における染色体の複製と交叉

に集まってくるところまでは体細胞分裂と同じです．ところがここでちがうのは，コピーされた相同染色体どうし（DNA 2本×2組）が必ず寄り添うということです．これを対合（ついごう）といいます．そしてこのとき，互いに接近したDNAの鎖が，途中で切れて隣の染色体のDNAにつながってしまうというミスが起こります（図12・7）．そして，上半分はもとの染色体（DNA）と同じもの，下半分はもう一方の相同染色体と同じもの，といったような「つぎはぎの染色体」ができてしまうのです．これを交叉（交差）によるDNAの組換えと呼んでいます．体細胞分裂の場合には相同染色体の対合はみられないので，このようなミスは起こりません．減数分裂ではコピーミス（交叉）を起こすために，わざわざ対合しているのです．

さて，こうして2本の相同染色体から，コピーしてつぎはぎになった4本の染色体ができあがります．そうすると，その2本ずつがそれぞれ左右に移動していき，真ん中に新たな細胞膜ができて2細胞となります．さらに，これで終わるわけではなくて，続けて第2分裂が起こります．このときはDNAのコピーはされず，それぞれの細胞で2本のうち1本ずつが両端に分かれていきます．そして，またその中央に新たな細胞膜が形成されて，合計4細胞となります（図12・7）．ここで，各細胞内の染色体数はもとの半分（n本）になっています．染色体数が半減するので，減数分裂と呼ばれているのです．

つまり配偶子である卵や精子は，親のもつ染色体（遺伝子）の半分しか受け取っていません．そして，受精が起こると，精子の染色体が卵細胞内に入り込むことによって，受精卵（子）の染色体数は親と同じになります（n＋n＝2n本：図12・8）．つまり，子のもつある1組の相同染色体のうち，1本は母親（卵）から，もう1本は父親（精子）からもらったものなのです．

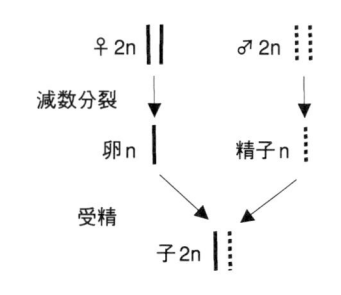

図12・8 減数分裂と受精（有性生殖）

だから，ある性質は母親に似ていて，別の性質は父親に似ているというようなことも起こるのです．つまり，もし母と父が相同染色体のある位置に異なる遺伝子（対立遺伝子）をもっていたら，たとえば，母が AA，父が aa とすると，卵（A）と精子（a）の受精により子のもつ遺伝子は Aa となり，このときもし A が a に対して優性であれば，この性質に関しては母親と同じだが父親とは異なることになります．

12・5　子の遺伝的多様性

　親の立場からすれば，有性生殖によって作った子は，自分と似てはいるけれども（自分のもつ遺伝子セットの半分は渡したけれども），まったく同じとはいえない子です．しかも，同じ両親から生まれた兄弟姉妹を比べても，互いにまったく同じ遺伝子セットをもっている可能性はゼロに等しいのです．たとえば，23 組の相同染色体をもつ（2n＝46），われわれ人間の場合を考えてみましょう．母親はある 1 組の相同染色体について，1 本分だけを 1 つ 1 つの卵に渡します（図 12・8）．まず計算を簡単にするために，交叉が起こらないとして考えてみると，2 本のうちどちらかを渡すわけだから，2 種類の卵ができることになります．これが 23 組の相同染色体のそれぞれで起こるので，実際に卵がもつ染色体 23 本の組み合わせは，2 の 23 乗＝約 840 万通りにもなります．つまり，1 人の母親が 840 万種類の卵を作る可能性をもっていることになります．父親が作る精子についても同様ですから，この両親からできる子供たちのもつ染色体セットの組み合わせは，840 万×840 万＝約 70 兆通りになる．つまり，70 兆人の子供を作ったとしても，兄弟姉妹間でどこかちがう遺伝子をもっていることになるのです．

　これだけでも莫大な数ですが，実際には減数分裂のときに交叉が起こってつぎはぎの染色体を作るので，1 組の相同染色体から 1 本分を配偶子に渡すときの組み合わせは 2 通りではなく，少なくとも 4 通り以上あります（交叉はいろいろな場所で起こるので，実際にはもっと多い）．仮に 4 通りとしても，配偶子の種類は 4 の 23 乗＝約 70 兆，したがって子供たちの染色体の組

み合わせは70兆×70兆＝…　と，要するに無限に近いのです．交叉によりつぎはぎの染色体ができるのは，コピーミスであると先に述べましたが，ミスを避けるには相同染色体が対合しなければよいのです．それなのにわざわざ対合してコピーするということは，交叉というミスが起こりやすいように，それによって配偶子の，ひいては子供たちの多様性を高めようとしているのだと考えられます．

　ではなぜ，そんなにまでして遺伝的多様性を高める必要があるのでしょうか？

13. 性の起源

では無性生殖と有性生殖のちがいを踏まえて，なぜ雄と雌が存在するのか，性がなぜ進化したのかという問題を考えてみましょう．

13・1　有性生殖の起源

これまでみてきたように，無性生殖では自分とまったく同じ遺伝子をもった子ができます．ただし，突然変異が起こったとしたらちがいが生じますが，それは有性生殖の場合でも同じです．一方，有性生殖の特徴は他個体の遺伝子との混ぜ合わせが起こり，突然変異がなくても遺伝子の組み合わせが変わるということです（図13・1）．ところで，有性生殖するには，わざわざ相手を探さなければならないし，減数分裂は体細胞分裂に比べてきわめて複雑で手間がかかります．つまり，無性生殖よりも有性生殖のほうがコストがかかることは明らかです．にもかかわらず，ウイルスを除くすべての生物で，無性生殖で効率よく増えることのできる細菌でさえも，有性生殖するのはなぜでしょうか．

無性生殖＝親とおなじ遺伝子セットをもった子，　コスト小
有性生殖＝親とちがう遺伝子セットをもった子，　コスト大

図13・1　無性生殖と有性生殖のちがい

減数分裂と受精によって莫大な多様性が生まれることを先に述べました．細菌の接合でも，それまでにない新たな遺伝子セットをもった個体が生じます．この多様性をもたらすことこそが有性生殖のメリットだと考えられます．もし無性生殖だけを続けていたとしたら，環境が変化したときに対応しきれず，どの子孫も滅んでしまう可能性があります．そこでは突然変異だけが頼りです．一方，有性生殖で多様な遺伝子セットをもった子孫を残してお

くと，環境が変化したときでもどれかが生き残る可能性が出てきます．つまり，親にとっての適応度がゼロになるのを防ぐことができるのです．しかし，気象のような自然環境は常に変化し続けているわけではなく，長い間安定していることもあります．その間は無性生殖のほうが有利なはずです．それでも有性生殖を行うことに，無性生殖との増殖率のちがいを上回るほどの利益があるのでしょうか．

　生物にとっての環境とは，気象などの物理化学的な環境条件だけではありません．他の生物も重要な環境の要素です．とくに餌となる生物や捕食者，ウイルスなどの寄生者は，生物にとって生死に関わる重要な環境条件なのです．性の進化においては，ウイルスなどの寄生者の影響が大きいと考えられています．先に述べたようにウイルスはものすごい増殖率をもっています．そして，増殖率が高いということは，時間当たりに生じる突然変異の数も多いことになります（図13・2）．たとえば，インフルエンザは毎年ちがうタイ

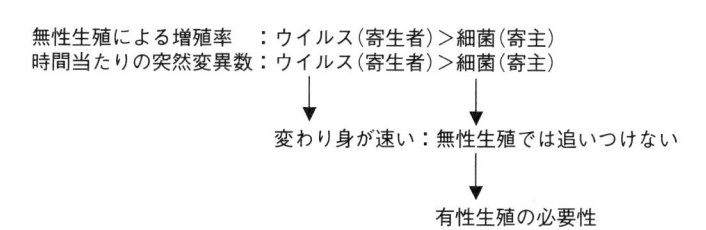

```
無性生殖による増殖率　　：ウイルス（寄生者）＞細菌（寄主）
時間当たりの突然変異数：ウイルス（寄生者）＞細菌（寄主）
                        ↓                    ↓
                    変わり身が速い：無性生殖では追いつけない
                                    ↓
                              有性生殖の必要性
```

図13・2　ウイルス（寄生者）と細菌（寄主）のちがい

プが流行しますが，それはインフルエンザウイルスがどんどん突然変異を起こしているからです．あるいは，抗生物質に対して抵抗性をもった病原菌が生じるというのも突然変異のせいです．つまり，ある生物にとってウイルスなどの寄生者は，「常に変化する」環境なのです．そして，それは2分裂で無性的に増える細菌の増殖率をもってしても，突然変異だけに頼っていたのでは追いつきません．仮に突然変異によって，あるタイプのウイルスに抵抗性をもった細菌が生まれたとしても，ウイルスのほうがすぐにまた突然変異でタイプを変えてしまうからです．だとすれば，突然変異に頼っているだけ

ではなくて，有性生殖によって個体間で遺伝子を混ぜ合わせて，つまり抵抗性のある遺伝子を他個体からもらうことによって補うしか方法はありません．こうしてウイルス（寄生者）対策として，性が進化したのだと考えられています．

13·2 2つの性

　接合する細菌の場合，「雌」個体はプラスミドをもらうことによって遺伝的多様性を増しますが，「雄」個体にとってはプラスミドを失うのですから，むしろ遺伝的多様性が減少することになります．接合によって利益を得るのは雄「個体」ではなくて，そのDNAの一部であるプラスミドなのです．プラスミドは雌個体に乗り移ることによって，もしその雌が新たな寄生者にも耐えられるような遺伝子をもっていたとしたら，自らもコピーを残すチャンスが増えるのです．乗り物としての雌個体に寄生するのだと考えられます．そして，そのために雄個体をして接合するように「操縦」しているのです．ウイルスのDNAが細菌の細胞に乗り込むのと基本的に同じことです．ちがうのは，雄のプラスミドに寄生された雌の細菌（のDNA）が，得をする可能性もあるということです．

　受精の場合も似たようなものです．精子はそのDNA（染色体）を含む核だけを卵細胞に注入します．その後，受精卵が育っていくための栄養分は，すべて卵細胞に含まれていたものです．たとえばニワトリの卵の黄身（卵黄），あれが卵発生のためのエネルギー源です．つまり，精子のDNAが卵細胞に寄生したと考えることができます．そしてこの場合も，寄生された卵細胞は遺伝的多様性を増して，生存率が上昇する可能性があるのです．

　繊毛虫やある種の藻類にはいくつもの性が存在することが知られています．しかし，圧倒的多数の生物には2つの性しかありません．すなわち，小さくて運動性のある精子を作る雄と，大きくて栄養分を蓄えた卵を作る雌です．ただし，このような差のない同形配偶子を作って接合するものも一部にいます（クラミドモナスやアオミドロなどの緑藻類など）．おそらく，有性

生殖が進化した初期には同形配偶子を作っていたのでしょう．ではなぜそれが2つの異なる形になっていったのでしょうか？

配偶子の生存率を高めるには，栄養分をたくさん詰め込んで1つ1つを大きくしたほうがいいはずです（図13・3）．大きい配偶子2つが接合したな

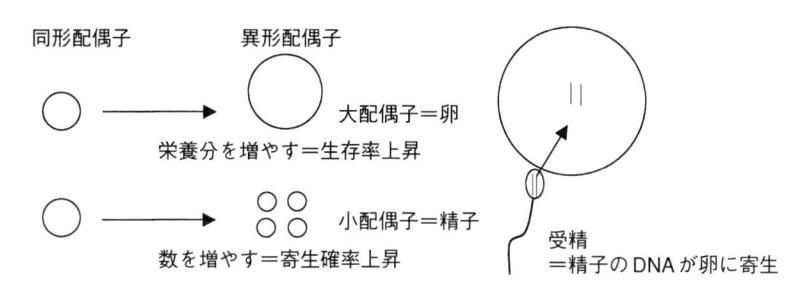

図13・3 同形配偶子から異形配偶子へ

ら，栄養分が多く，生き残って繁殖個体まで育つ確率も高くなると考えられます．しかしその一方で，小さくて，それゆえに移動性にとむ配偶子を作るものが，突然変異で生じたとしたらどうなるでしょうか．1つ1つが小さいなら，たくさんの数を作れるし，しかも運動性が高いなら他の配偶子と出会いやすい．できるだけ大きな配偶子を見つけて，それに寄生すればよいのです．中くらいの大きさの配偶子は中途半端です．小さい配偶子ほどには動き回れないし，大きな配偶子ほどには栄養分の蓄えもない．このような状況では，両極端に向かって，すなわち大配偶子＝卵と，小配偶子＝精子という2つのタイプの共存へと進化していったと考えられます．これが2つの性，すなわち寄生する性とされる性しか存在しない理由です．そしてこれが，後に述べるような二次的な性差をもたらす原因になったのです．

13・3 性を利用するものたち

性を進化させたとしても安心はできません．皮肉なことに，有性生殖に乗じて感染するウイルスや細菌もまた進化してきました．梅毒という性病を引

き起こすスピロヘータ（細菌），そしてエイズのウイルス HIV もその1つです．寄生者との闘いには終わりがありません．寄生するほうも，されるほうも，走り続けなければ（進化し続けなければ）ならないのです．

たとえば，エイズウイルス HIV はインフルエンザウイルスのような空気感染はできず，血液・リンパ液など人の体液中でしか生きられません．人の細胞のうち，免疫細胞（白血球，リンパ球）だけに感染するからです．そして大増殖すると人の免疫システムが破壊され，ふつうの人なら簡単にやっつけられる病原菌が体内で増殖して，各種の日和見感染症（たとえば，カリニ肺炎）を起こして死亡してしまうのです．したがって，Acquired Immuno-Deficiency Syndrome（後天性免疫不全症候群）と名付けられ，その頭文字をとって AIDS（エイズ）と呼んでいるのです．HIV は人（Human）に免疫不全（Immuno-deficiency）を引き起こすウイルス（Virus）の頭文字をとったものです．

日本では血友病患者への非加熱血液製剤の投与による感染といった医療ミスも深刻な問題になっていますが，生物学的にはエイズは性感染症なのです．性行為による精液・膣液・血液のふれ合いによって感染します．実際，現在ではとくに東南アジアやアフリカで，買売春による感染者の増加が大きな問題になっています．不特定多数とのコンドームなしの性行為は，まさに HIV にとって思うつぼなのです．その一方で，患者と握手やキスをしても平気です．皮膚の細胞には HIV は感染できませんし，だ液にはごくわずかいますが，感染するにはバケツ3杯分のだ液を交換する必要があると計算されています．また，熱や消毒薬や乾燥にも弱いウイルスなので，日常生活で感染を予防するのは，インフルエンザウイルスよりもずっと簡単なのです．

エイズウイルス HIV の増殖

HIV は RNA ウイルスです．つまり，ふだんは2本鎖 DNA ではなく1

本鎖 RNA に遺伝情報を蓄えています．その RNA のまわりを脂質の二重膜が囲み，その表面にタンパク質の分子がささっています（図 13・4）．このタンパク質分子が，免疫細胞の表面にくっつくときに役立つのです．HIV が免疫細胞にくっつくと，RNA と，逆転写酵素と呼ばれるタンパク質を細胞中に注入します．そして，免疫細胞中で，RNA から DNA を合成する逆転写を実行するのです．そしてこのウイルスの DNA は免疫細胞の DNA につながって，潜伏してしまうのです．あのバクテリオファージがやっていたことと同じです．免疫細胞が分裂して増えれば，HIV の DNA もコピーされて増えていくことになります．

そして，時がくれば，個人差が大きいようですが感染から数年たつと，それぞれの免疫細胞の中で HIV の大増殖が始まります（図 13・4 下）．つまり，こんどは DNA から RNA を転写し，そしてタンパク質を合成するという作業が始まるのです．そして，大量の HIV が細胞膜を破って出ていき，また別の免疫細胞に感染するというわけです．し

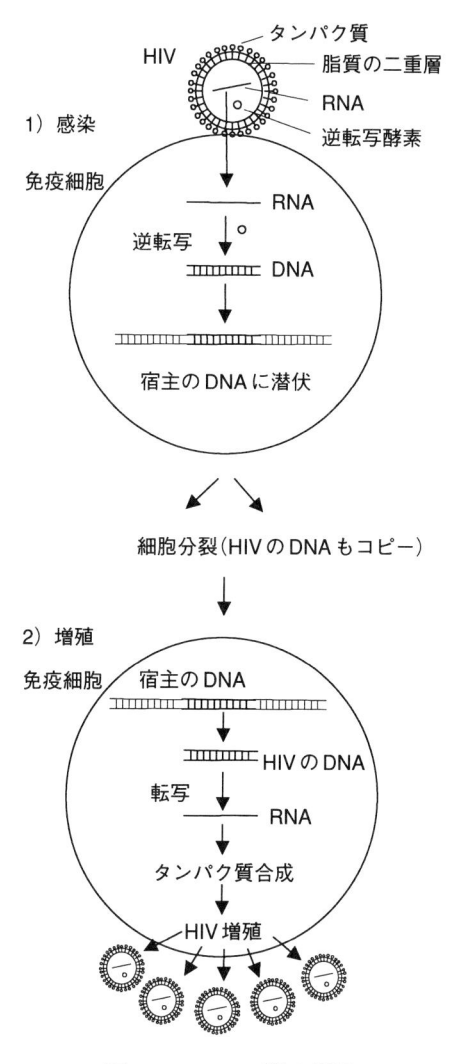

図 13・4　HIV の感染と増殖

かも，増殖中には突然変異も起こりますから，表面のタンパク質分子も変化します．一番やっかいなのは，この表面のタンパク質分子が，免疫細胞の表面と似たものに擬態してしまうことです．そうすると，HIV をやっつけるために免疫細胞が作った抗体タンパク質が，HIV だけでなく，味方の免疫細胞を取り囲んで働けなくしてしまうのです．これで免疫システムは壊滅状態になってしまいます．

14. 性決定と環境ホルモン

第2部で性転換をする魚類がいることを紹介しましたが，生物の性は生まれつき遺伝的に決まっているケースと，環境条件で決まるケースの両方があります．さらに，最近になって問題視されている環境ホルモン（内分泌撹乱化学物質）の影響についても合わせてみておきましょう．

14・1 遺伝的性決定

遺伝的に性が決まる場合は，染色体の形や数でも雌雄が区別できる場合があります．

14・1・1 性染色体

私たち人間の場合は，よく知られているように，性染色体で男女が区別できます．男も女も23組46本の染色体をもっていますが，うち1本の形（大きさ）が男女で異なるのです．第23組が女性では2本そろった大きさの相同染色体ですが（これをXXと表現します），男性では片方が短いのです（短いほうをYと表現して，XY）．男のほうがその分，遺伝子が少ないということです．

さて，男性が精子を作る際には，減数分裂によってそれぞれの精子には各相同染色体のうち1本ずつ合計23本の染色体を渡します．第23組については，Xをもらった精子とYをもらった精子の2種類ができるわけです．卵細胞も23本の染色体をもらいますが，第23組については，どの卵もXをもらっています．そこで卵と精子の受精を考えると，X精子で受精すると第23組はXXになり女の子ができます．Y精子で受精するとXY

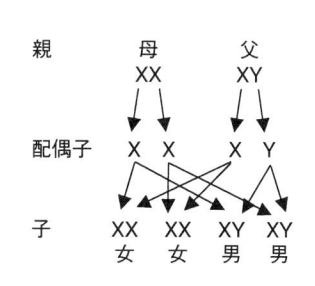

図14・1 性染色体による性決定

となり，男の子になります（図14・1）．このように，受精した瞬間にその子の性が決まるのです．これを遺伝的性決定といいます．ただし，すべての生物にこのような性染色体（雌雄で形の異なる染色体）があるわけではなく，たとえば性転換するホンソメワケベラの染色体の形は雌雄でちがいがありません．

人間の話に戻すと，遺伝的に性が決まっているとしても，妊娠中の母親のホルモン状態などにより，XY染色体をもっていても性器が女性的になったり，あるいはその逆も起こります．また，脳の構造にも男女差があることが知られていますが，たとえば体はXY染色体の指令通り男性的であっても，脳の性が女性的になり，そのジレンマに深刻に悩んでいる人もいます（性同一性障害）．性転換する魚たちの場合は，性を変えようと脳が決めれば，生殖腺も変えることができたのですが，人間の場合には，いかに脳が指令しても，ホルモンを与えても，生殖腺そのものを変える性転換はできません．ですから，深刻なジレンマに陥るわけです．

14・1・2 半倍数性

もう1つ，遺伝的性決定の変わったケースとして，ハチの場合をとりあげておきましょう．ミツバチやアシナガバチなどの染色体は，半倍数性と呼ばれる奇妙な特徴をもっています．雌は雄と交尾すると，その精子を貯精嚢と呼ばれる袋に溜めておきます．貯精嚢は細い管で産卵管とつながっていて，雌は産卵するときに，貯精嚢をしぼって精子を産卵管に送り卵に受精することも，精子を送らずに卵だけを産み出すこともできるのです．そして，受精卵は雌に，未受精卵は雄になるのです．つまり，雄の染色体数が雌の半分しかないことから，「半倍数性」と呼ばれてきたのです（図14・2）．

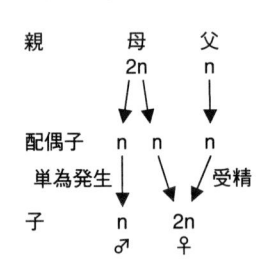

図14・2 半倍数性のハチの性決定

つまり，母親は娘と息子の産み分けができるわけですが，どのように産み分けしているのでしょうか．たとえば，チョウやガのさなぎに卵を産みつ

け，孵化した幼虫がそのさなぎを食べて育つ，寄生性のハチがいます．交尾を終えた雌ハチは，大きなさなぎを見つけると受精卵（娘）を，小さなさなぎなら未受精卵（息子）を産みつけるそうです．なぜか？　娘は卵を作らなければならない性だから，息子より多くの餌が必要だというのが，その理由のようです．

14・2　環境性決定

遺伝的にではなく環境条件で性が決まる生物もたくさんいます．前に紹介した魚類の性転換は社会的環境がキーになっていました．温度によって性が決まる魚もいます（たとえばトウゴロウイワシ）．ワニの性も温度によって決まります．ワニは水辺に草を積んで巣を作り，その中に卵を産みます．巣の中の温度が高いと雄，低いと雌の割合が多くなります．どこに巣を作るかは母親が選べるわけですから，この場合も母親が産み分けできることになりますが，どのような条件に対応させて産み分けているのかはよくわかっていません．

被子植物の場合は，虫を利用して受粉するものが多いことから，生殖器官である花そのものが同時的雌雄同体（両性花）である種類が多く，雌雄異体はまれです．一部の種類で環境条件に応じた性転換が知られています．テンナンショウでは，初めて繁殖する年には雄花を咲かせます．光合成が十分にできて球茎（球根）が太ってくると雌花を咲かせます．しかし，受粉して種をつけると，それにエネルギーを費やしますから，球茎はやせて

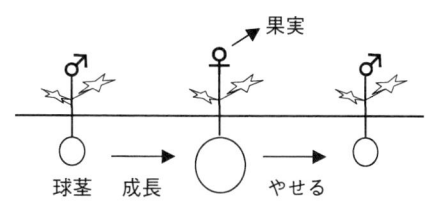

図14・3　テンナンショウの成長と性転換

しまいます．そうすると次の年はまた雄花を咲かせるのです（図14・3）．このように，環境条件と成長・エネルギー消費に応じて，♂→♀→♂→♀と何度もくり返すことができるのです．

14・3 環境ホルモンとはなにか？

環境ホルモンの話をする前に，ほんもののホルモンの働きについて簡単に復習しておきましょう．

14・3・1 ホルモンの働き

ホルモンとは体内で合成され，ごく微量で他の細胞を活性化する物質で，多くはタンパク質でできています．ホルモンが作用するシステムを内分泌系と呼んでいます．例えば，これから試験を受けるとか，面接を受けるとか，不安なことがあると，まず脳から神経系を通じて興奮が伝わり，副腎髄質でアドレナリンというホルモンが分泌されます．このホルモンが血液によって運ばれ心臓に行くと心拍が増加し，血圧が上昇します．ドキドキしてくるというわけです．

つまり，ホルモンは内分泌腺と総称される体のあちこちの場所で作られますが，それが作用するのは他の細胞なのです．細胞内に入ると，そこにそのホルモンと対応する受容タンパク質があれば，それと結合します．そしてこのホルモンと受容タンパク質の結合体がDNAの特定の部分に作用して，活性化し，その部分の遺伝情報に基づいた酵素タンパク質の合成が始まります．その結果，代謝の促進などが起こるわけです．ホルモンのうち性的特徴に影響するものを性ホルモンと呼んでいます．たとえば精巣からはテストステロンなどの男性ホルモン（アンドロゲン）が，卵巣からはエストラジオールなどの女性ホルモン（エストロゲン）が分泌されます．

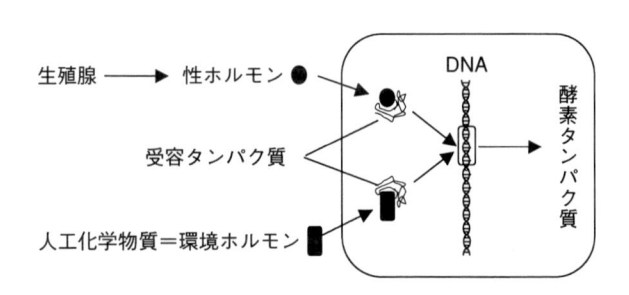

図 14・4　性ホルモンと環境ホルモンの作用

環境ホルモンとは，この性ホルモンと似た働きをする物質のことです（図14・4）．正確には内分泌撹乱化学物質と呼ばれ，自然界で生物の体内で合成されたものではなくて，人間が作った人工合成化学物質なのです．それが本来の目的とは無関係に，性ホルモンの受容タンパク質に結合してしまうなどして，性ホルモンと同じ作用を引き起こしてしまうことがわかってきました．これまでの環境汚染では問題にされなかったような，ごくごく低濃度でも影響が出てくることがわかってきたのです．

14・3・2　環境ホルモンの影響

たとえば，アメリカのフロリダ半島にすむワニでは，雄のペニスが小さくなり，生殖能力がなくなるというケースが報告されています．これは農薬のDDTが原因だったことがわかっています．DDTは有機水銀などと同様に，体内に蓄積する性質をもっています．母ワニの脂肪に蓄積したDDTは卵細胞形成のときに卵黄に移ります．そしてDDTを含む卵黄で育つと，それが雌性ホルモンのような働きをして雄の生殖器の形成を妨げるのです．

イギリスでは，川魚のローチ（コイの仲間）の雄の精巣中に，卵細胞ができているということが報告されました．この魚は自然に性転換する種類ではありません．この原因は合成洗剤に含まれていたアルキルフェノールでした．ただし，この物質自体は環境ホルモンとして働きません．皮肉なことに，浄水場でバクテリアによって分解されるとノニルフェノールになり，これが雌性ホルモンと似た働きをするのです．日本の川や海でも調査が始まりましたが，コイやタイに同様の雄の精巣の雌化が進行中であるようです．ただし，まだ原因物質は特定されていません．

ダイオキシンは塩素含有物質の製造過程や焼却炉から発生する猛毒物質で，発ガン作用があることも知られています．これも体内蓄積する物質で，一見症状が出ないような低濃度でもテストステロンのレベルをさげることがわかっています．ネズミを使った実験では，妊娠中の雌に低濃度ダイオキシンを含む餌を与え続けると，生まれた雄ネズミの精子数が正常なものより少なくなってしまうことがわかりました．

人間でも男性の精子数が減少しているといわれています．ヨーロッパの男性についての調査では，1945年生まれの30歳時の平均精子数は精液1 ml当たり1億200万個だったのに対して，1962年生まれの30歳時の平均は5100万個と半減していました．若い男性ほど影響を受けているのです．つまり，次第に環境ホルモンによる汚染が進んで，妊娠中の母親がその影響を受けているということが考えられます．環境ホルモンの怖いところは，母親自身にはとくに困った症状が現れなかったにしても，子供に影響が出てくるという点です．

環境ホルモンの検査方法

人工合成化学物質は10万種類以上あるといわれ，さらに毎年千種類ずつ増加しているそうです．そのうち，どれだけが環境ホルモンとして作用するのかについては，まだ検査が始まったばかりです．検査方法の1つは偶然発見されました．乳ガン細胞の培養実験をしていたところ，原因不明の増殖が観察されました．調べてみた結果，培養に用いていたプラスチック容器にビスフェノールAという物質が含まれており，それが女性ホルモンのエストロゲンと同様の作用をして，乳ガン細胞の増殖を促進していたのでした．ビスフェノールAを含むプラスチックは，缶詰の内側コーティングや歯科の治療用樹脂など，われわれが日常触れるものにも使われています．つまり，環境ホルモンは多くの人々が日常的にさらされる可能性のある新たなタイプの環境汚染なのです．

15. 性比の理論

　有性生殖する生物では，たいてい雄の数と雌の数はほぼ等しくなっています．子殺しの話で出てきたライオンや一夫多妻のサルの仲間では，一部の雄が雌を独占し，残りの雄たちは繁殖からあぶれていました．しかし，これらの動物でも性的に成熟した雄の数と雌の数はほぼ等しいのです．つまり，性比1:1の動物が多いのです．しかし，繁殖に参加しないアブレ雄たちは無駄ではないのでしょうか．なぜ，性比1:1になるのでしょうか？

15・1　性比はなぜ1:1になるのか？
　2つの仮説を考えてみましょう．1つは種族繁栄論にもとづくもの．もう一方は個体の適応度にもとづくもの．どちらの仮説で性比1:1の進化が説明可能なのかを検討してみましょう．
　まず，種族繁栄論にもとづくとすると，集団全体の増殖率を大きくするような性比が進化するはずです．簡単な計算をしてみましょう．いま，10個体からなる集団が2つあったとします．それぞれ完全に隔離されていて，他の集団との交流はなく，各集団内の雌雄間でのみ繁殖活動が行われるものとします．1匹の雌が産む子供の数を1匹とし，それが成熟するまで生き残る（つまり死亡率ゼロ）としておきましょう．現時点で，集団Aの性比が1:1（つまり雌雄とも5匹ずつ），集団Bでは雌にかたよっていて性比1:9（雄1匹，雌9匹）であったとします．さて，いったい，どちらの集団がより多くの子孫を残せるでしょうか？

15・1・1　種族繁栄論＝集団全体の利益からみると
　計算は簡単です．集団Aでは雌が5匹いて，それぞれが1匹の子を残すのだから，次世代の子供の総数は，5×1=5匹になります（図15・1）．一方，集団Bでは雌が9匹いるので，子供の総数は9×1=9匹です．これは1匹

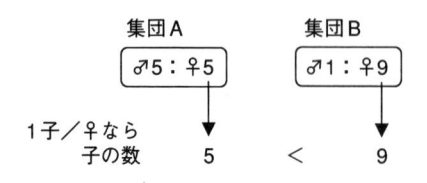

```
          集団A           集団B
         ♂5：♀5         ♂1：♀9
1子/♀なら     ↓              ↓
子の数       5       <       9
```

図15・1 性比1：1（集団A）と♂1：9♀（集団B）の増殖率のちがい

の雄だけで9匹の雌の相手ができると仮定した計算ですが，実際に一夫多妻の群れで繁殖している動物がいるのですから，無理な仮定ではありません．そうすると，集団Aの5匹に対して，集団Bでは9匹ですから，当然，雌にかたよった性比のほうが，集団全体の増殖率をあげることになります．やはり，アブレ雄など無駄なのだ…とはいっても，現実にアブレ雄は存在し，性比は1：1なのです．種族繁栄論ではこの現実を説明できないことがわかりました．

15・1・2　個体の適応度＝個体にとっての利益からみると

では，個体の適応度を基準にするとどうなるか．いま，先に例にあげた集団B（雄1：雌9）で考えてみましょう．この集団の性比が世代を経るとともに変化するのか，しないのか．まず雌雄1個体ごとの適応度（子孫の数）を計算してみましょう．

雌の適応度＝1匹（これは先ほどと同じ前提）
雄の適応度＝9×1＝9匹（9匹の雌に自分の子を産ませるから）

ということですから，明らかに雄の適応度のほうが雌の適応度より大きく，進化のしくみからすると，2つの性のうち雄という性質をもった個体が増えていくはずです．これをもう少し具体的に，ある雌が娘を産むべきか，息子を産むべきかという観点から考えてみましょう．雌は1匹の子しか産めないとしていますから，娘を産もうが息子を産もうが，子の数は同じです．しかし，孫の数は違ってきます．すなわち，

娘を産んだときの孫の数＝1×1＝1匹（娘は1匹の子を産むから）
息子を産んだときの孫の数＝1×9＝9匹（息子は9匹の子を残すから）

となり，息子を産んだほうが孫の数が9倍も多くなります．つまり，娘を産

むという性質をもった母親よりも，息子を産むという性質をもった母親の遺伝子が孫の代には増えていくのです．息子を産む雌が増えるということは，当然，雄の増加につながっていきます．ではどこまで雄は増えるのか？

逆に，雄が多くて雌が少ない集団から出発して，同様の検討をしてみると，こんどは雌が増えていくことがわかります．たとえば，性比9雄：1雌なら，雌の適応度1に対して雄の適応度は1/9しかありませんから，適応度の大きい雌のほうが増えていくことになります．つまり，雌雄どちらにかたよった集団であったとしても，少数派が増える方向に変化していくのです（図15・2）．となると，安定するのは性比1：1のところにちがいありません．念のため，このときの雌雄の適応度をみてみると，雌の適応度も雄の適応度も1で，両者は等しい．適応度が等しいということは，どちらかが増えていくということがないということです．

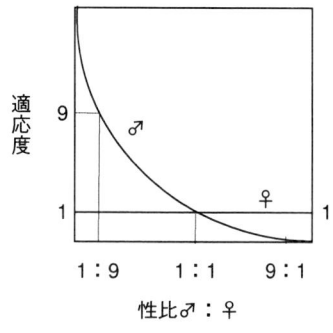

図15・2 性比と雌雄の適応度と平衡頻度

15・1・3 頻度依存淘汰

このように，個体の適応度を基準にして考えると，性比1：1が進化的に安定な状態であることが説明できます．たまたま，どちらかに性比がずれたとしても，少数派のほうが相対的な適応度が高くなるので，必ず1：1に戻すように自然選択が働くのです．つまり，雌雄の集団中の頻度に依存して相対適応度が決まるので，頻度依存淘汰と呼ばれています．このように，雄という性質をもった個体と雌という性質をもった個体，つまり同じ種でありながら異なる性質をもった個体が共存できるのは，両者の適応度が等しいからなのです．代替戦略のところで紹介したブルーギル・サンフィッシュの2タイプの雄が共存する場合と同じ理屈です．

15・2　かたよった性比

　生物は多様です．ですから，何か1つの規則を見つけても，必ずといっていいほど例外がまた見つかります．性比にしてもそうです．1：1ではなくて，かたよった性比になっている動物も実際に存在します．1つ例をあげてみましょう．

　アゲハタマゴバチは，成虫でも1ミリの半分くらいしかないという微小なハチです．このハチはアゲハチョウの卵の中に自分の卵を産みつけ，その幼虫はアゲハの卵を内部から食い荒らして成長し，羽化して飛び出していきます（図15・3）．つまり，寄生的に繁殖するのです．1個のアゲハの卵の中に，10個ほどの卵を産みつけますが，そこから羽化するハチの性比は，ほぼ1：9と雌にかたよっています．雌にかたよった性比であるということは，先ほど否定した種族繁栄論の復活を意味するのでしょうか？　いえ，そうではありません．特殊な事情があるのです．

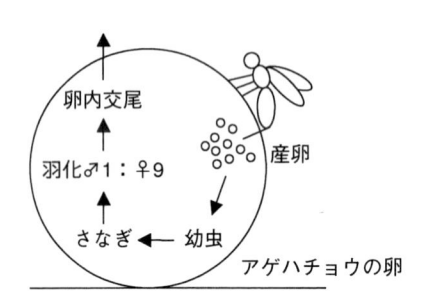

図15・3　アゲハタマゴバチの産卵と卵内交尾

15・2・1　卵内交尾＝近親交配

　アゲハタマゴバチでは，1つのアゲハの卵の中で羽化した子供たちは，その卵の中で交尾をすませてから出ていきます．つまり，同じ母親から生まれた兄弟姉妹間で交配するのです．ふつう動物ではこのような近親相姦（かん）は避ける傾向がありますが，このハチではそれが常識なのです．ここでまた，個体の適応度を考えてみましょう．母親はどのような性比で子を産んだときに，自分自身の適応度をより大きくできるのか．子（卵）の数は10個として，孫の数を考えてみます．この場合，娘の作る孫と息子の作る孫は共通しているので，娘のほうから計算してみます．すると，

娘5：息子5（性比1：1）のとき，孫の数＝5×10＝50匹
娘9：息子1（性比1：9）のとき，孫の数＝9×10＝90匹

となり，明らかに性比1：9で，つまり息子の数を最少にしたときに，母親の適応度は最大になります．計算としては，先ほどの集団全体の増殖率を求めた場合と似ていますが，この場合の集団は母親にとっての子供の集団です．息子の数を増やしたところで，娘の取り合いになるだけで（これを局所的配偶者競争といいます），母親の適応度は低下してしまうのです．

15・2・2　交配条件と性比

ところで，アゲハタマゴバチのような寄生蜂の仲間には，1つの寄主の卵に複数の雌が卵を産みに来る種類もあります．これを重複寄生といいますが，その場合の性比はどうなるのでしょうか．この場合，ある雌の産んだ息子は，その姉妹だけではなく，別の雌の産んだ娘とも交尾するチャンスが出てきます．つまり，母親にとって孫を増やすという点で，息子の価値があがるのです．したがって，先ほどの重複寄生がない場合の性比1：9よりも息子の比率が増えると予想され，実際にそうなっていることが確認されています．

ここで，重複寄生する雌の数がどんどん増えていくとどうなるのか．現実には寄主の卵の大きさに制限があるので，雌の数がいくらでも増えるというわけにはいきませんが，机上の計算でどんどん増やしてみると，性比は限りなく1：1に近づいていきます（図15・4）．つまり，1：1の性比とは，近親交配，あるいは限られた数の雌たちの子供どうしだけの交配ではなく，多数の雌の子供たちの間で自由に交配ができるときの性比だったのです．交配条件のちがいに応じて進化的に安定な性比が決まるということで，やはり，個体の適応度を基準にして説明できるのです．

交配様式：近親交配　　　　　　　→任意交配
　　　　　（単独寄生→重複寄生）

性比：♀＞＞♂→　♀＞♂　→1：1

図15・4　交配様式と性比

16. 性差の進化

　雄と雌を比べてみると，体の色や大きさ，角(つの)などの構造物にちがいがみられる場合があります．もちろん，それが顕著な種もあれば，そうでないものもいます．ここでは二次性差の進化について考えてみましょう．

16·1　基本性差と二次性差

　自然選択の理論によれば，ある環境に適した性質が進化しているはずです．同じ種類に属する雄と雌は，ふつうは同じ自然環境にすんでいます．そうであれば，体の色や大きさも同じようになるのが，当たり前ではないでしょうか．なぜ，性によって異なる性質が進化しうるのでしょうか．たとえば，クジャクの地味な色をした雌は敵に見つかりにくいでしょうが，派手な雄は見つかりやすいはずです．つまり，生存上不利な性質が進化しているということは，自然選択の理論では説明できそうにありません．このことに悩み続けたダーウィンは，のちに性選択（性淘汰 sexual selection）という概念を思いつきます．つまり，同じ環境といっても，たしかに自然環境としては同じかもしれないけれど，種内の社会的環境を考えてみれば，雄と雌では必ずしも同じではないのです．つまり，同種の同性個体・異性個体との関係から，一方の性にだけ特定の性質に対して強い選択圧が働くことがあるのではないかとダーウィンは考えたのです．

　ダーウィンは2つのしくみを考えました．1つは同性間競争による同性間淘汰，もう1つは配偶者選択による異性間淘汰です．そして，たとえ生存上は不利であったとしても，同性間競争と配偶者選択において繁殖上の有利さがあるのだとすれば，そのような性質は進化していく可能性があると考えたのです．

　もう一度，基本性差から復習してみましょう．雌は大きい配偶子（卵）を

作る性，雄は小さい配偶子（精子）を作る性です．これが2つの性の定義です（図16・1）．精子は小さいので多数作ることができます．したがって，雄は多くの配偶者（雌）を獲得できれば，より繁殖成功をあげることができます．ところが，精子に比べて相対的に卵の数は少なく，言い換えれば，たとえ1:1の性比であったとしても実質的な雌の数は不足しています．そうすると，限られた数の雌をめぐって，雄間で配偶者獲得のための競争がきびしくなります．一方，雌は多くの雄と交尾したところで，子の数は増えません．むしろ，どのような雄を配偶者として選ぶかが重要になるのです．その結果，一般に，雄間競争と雌による配偶者選択が顕著になりやすいのです．もちろん，条件次第では逆のことも起こります．ともかく，繁殖における種内の社会的環境が，雄と雌で異なることは十分にありそうです．

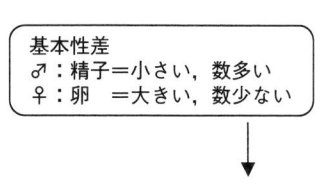

基本性差
♂：精子＝小さい，数多い
♀：卵　＝大きい，数少ない
↓
限られた資源（卵）をめぐる雄間競争

図16・1　基本性差

16・2　同性間淘汰：同性間競争

まず配偶者の獲得をめぐる同性間競争の結果，同性間淘汰が起こる例をあげてみましょう．

カブトムシやシカの雄は，雌に比べて立派な角をもっています．この角は繁殖期に雄間の闘争に用いられます．立派な角をもった雄ほど闘争に勝つ可能性があり，そして，勝ったものが雌を獲得するチャンスを得るのだとしたら，より大きな角をもつ雄がより多くの子孫を残し，

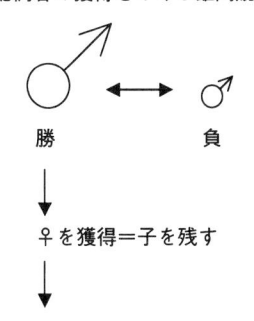

配偶者の獲得をめぐる雄間競争

勝　　　　負
↓
♀を獲得＝子を残す
↓
大きな角（体）をもった子孫が増えていく

図16・2　同性間競争による性差の進化

進化は角を大きくする方向に進んでいくでしょう（図16・2）．しかし，大きすぎる角は生存上邪魔になります．特大の角をもったカブトムシは飛ぶことさえままならないでしょう．そうすると，同性間淘汰による繁殖上の有利さから，通常の自然選択による生存上の不利さを差し引いた値が最大になるところで角の進化は止まるでしょう．一方，雌同士で雄の獲得をめぐって争うことがなければ，雌においてはこのような角を発達させる方向への選択圧は働きません．つまり，雄と雌で繁殖をめぐる社会的環境がちがうことから，性差が生じるのです．

　アザラシなど，繁殖期に雄がなわばりをもつ種類はたくさんいます．その際，大きな雄ほど体力にまさるためになわばりを獲得しやすいとすれば，雄の体をより大きくする方向へと同性間淘汰が働くでしょう．ただし，魚類などでは大きな雌ほどたくさんの卵を作れるということもあるので，雌においても体が大きくなる方向へと自然選択が働きます．この選択圧の強さと雄間競争による選択圧の強さとの関係によって，雄と雌どちらが大きくなるかが決まってきます．もちろん，自然選択上，体の大きさを制限する要因もさまざまあるので（餌の量，隠れ家，等々），雄も雌も無限に大きくなっていくわけではありません．一般に，一夫多妻傾向の強い種ほど，つまり，雄間競争の厳しい種ほど，雄のほうが雌より大きくなることが知られています．

16・3　異性間淘汰：配偶者選択

　体の色は，体の大きさや武器となる角などとはちがって，同性間競争において直接役立つとは思えません．たとえば，クジャクの雄は雌に比べて，大きくて派手な尾羽をもっていますが，これを使って雄間で闘争するわけではありません．だとすると，雌が派手な雄を選んでいるのでしょうか？

16・3・1　雌の好み

　これについては巧妙な実験があります．コクホウジャクというアフリカにすむ小鳥を使った実験です．コクホウジャクはスズメくらいの大きさですが，繁殖期になると雄の尾羽が50 cmにも伸びます．それに対して，雌の

尾羽は7 cm ほどです．飛ぶときの効率を考えると，雌の尾羽くらいがちょうどよいはずです．

さて，コクホウジャクの雄はなわばりをかまえ，そこに次々と雌がやってきて産卵・子育てをし，一夫多妻になります．まず，雄ごとに獲得できた雌の数を数えてみると，尾羽の長い雄ほどたくさんの雌を獲得していることがわかりました．しかし，この結果だけから，雌が尾羽の長い雄を好むと結論するのは早計です．

そこで，この雄たちを捕まえて，もともと長めの尾羽をもった雄たちの尾羽を少し切り取って短くし，それをもともと短めの雄たちの尾羽に接着して長くして，またそれぞれのなわばりに戻してやりました（図16・3）．雄たち

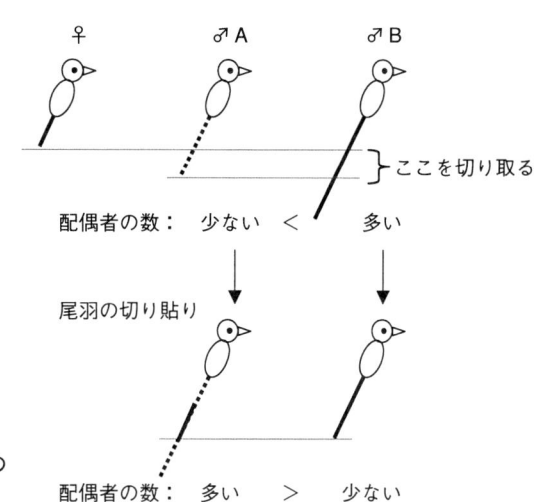

図16・3 雌の好み：雄の尾羽の長さの操作実験

はそれぞれのなわばりで再び雌を呼び込んで繁殖を始めましたが，その後の1カ月間に新たに獲得した雌の数を比べてみると，人工的に尾羽を長くしたほうの雄たちが明らかに多くの雌を獲得できたのです．なわばりの条件や尾羽以外の雄の性質は変わっていませんので，雌が尾羽の長さで雄を選んでいることがこれで明らかになったのです．ほかの要因も関係するかもしれませ

んが，少なくとも尾羽の長さも雌の選択基準の1つであることは確実です．

16・3・2　好みと雌の適応度

もし，雌にこのような好みがあるとしたら，雄としてはその好みに合う性質をもっていたほうが，当然，繁殖上有利になります．したがって，コクホウジャクの雄においては尾羽が長くなる方向に進化が起こったのです．では，尾羽の長い雄や派手な雄を選ぶことによって，雌にはどういう利益があるのでしょうか．雌の適応度に関係する要素をいくつかに分けて考えてみましょう．すなわち，

雌の適応度＝生存率×受精卵数×子の生存率(A)×子の繁殖能力(B)

と，ここでは自身の生存率と孫の数（子の繁殖能力）まで考慮してみます．雄の特定の形質を選ぶことによって上昇する可能性があるのは，「子の生存率」と「子の繁殖能力」です（図16・4）．受精卵数は自分の作る卵数で決ま

♀の好み ─────▶ 選んだ配偶者(♂)のもっている
　　　　　　　　　生存上良い遺伝子　　繁殖能力

♀の適応度＝生存率×受精卵数×子の生存率(A)×子の繁殖能力(B)
　　　　　　　　　　　　　　　　　　　　　　　　　　　↓
　　　　　　　　　　　　　　　　　　　　　　　　　　孫の数

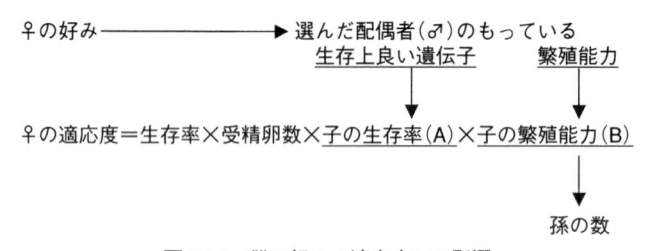

図16・4　雌の好み：適応度への影響

るのだから，選んだ雄によって影響されないはずです．また，自分の生存率も相手の雄によって影響されるものではありません．そこで，(A) 子の生存率をあげるという側面と，(B) 子の繁殖能力をあげるという側面について考えてみましょう．

16・3・3　良い遺伝子を選ぶ

(A) については，「良い遺伝子」をもった雄を選んでいるという説があります．良い遺伝子とは，生存上（自然選択上）有利な遺伝子のことで，相手の雄がこれをもっていると，自分の子にもそれが伝わり生存率が高くなる可能性があります．問題は，雄が良い遺伝子をもっていることを，雌がいった

いどんな方法で判断できるのかということです．ここで，さらに大きく分けて2つの考え方があります．

1つはハンディキャップ説と呼ばれるもので，派手な雄は捕食者に見つかりやすいというハンディキャップ（生存上の不利さ）を負っているとまず考えます．しかし，繁殖可能な年齢まで，地味な雄と同様に，生き延びてきたとすれば，そのハンディキャップを補うだけの良い遺伝子を別にもっていたはずです（図16・5）．そうだとすると，雌はより派手な雄を選んでおけば，自分の子にもその良い遺伝子が伝わるはずです．もちろん，息子はそのハンディキャップ（派手さ）も受け継ぐが，娘にはそれが現れないので良い遺伝子の効果だけが働きます．ただし，もしこれで進化していったとしたら，やがてどの雄もハンディキャップをもつことになり，それは実質的にハンディキャップでなくなってしまいます．それなら，どんどん派手になるということにはなりません．ただし，環境が常に変化しているなら話は別です．

そこに注目したのが，寄生虫説です．体色の性差が顕著な種では，寄生虫が少なくて健康な雄ほど鮮やかな体色を示すことが知られています．つまり，体色が派手であるということは，寄生虫に対して強い遺伝子をもっていることを示すと考えられます（図16・5）．そうすると，より派手な雄を選ぶと，その寄生虫抵抗性遺伝子が子に伝わり，子の生存率があがるのです．ハンディキャップ説と異なるのは，派手さに直接関連する遺伝子を想定している点です．ウイルスなどの寄生者は突然変異でどんどん性質を変えていきます．派手な雄を選んでおけば，そのときの寄生虫に一番強い性質を子に伝えることができるのです．

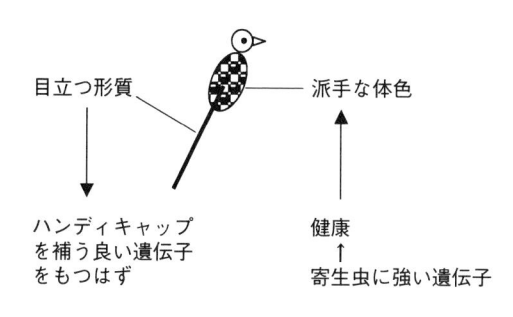

図16・5　ハンディキャップ説と寄生虫説

左右対称性の正確さ

　派手さとは別に，良い遺伝子を選ぶ指標として，左右対称性も用いられていることがわかってきました．左右対称の体構造をもつ動物はたくさんいますが，きっちりした対称性を発達させるためには，さまざまな環境からの影響，たとえば寄生虫や捕食者による怪我などを防いだり，治したりしなければなりません．言い換えれば，より正確な左右対称性を実現できる個体は，その環境において生存上有利なさまざまな遺伝子をもっていると考えられます．だとすれば，雄を選ぶときにも，左右対称性の高い雄を選ぶべきです．たとえばツバメの2本に分かれた尾羽の対称性について，このことが確認されています．

16・3・4　ランナウェイ・プロセス

　図16・4の(B)「子の繁殖能力」に関しては，ランナウェイ説というのがあります．雌が派手な雄を好むとすると，派手な雄を選んだ雌の息子は，その性質を受け継いで派手になり，したがって雌によくもてて多くの孫を残すでしょう（「セクシーな息子」説ともいわれます）．一方，地味な雄を選んだ雌の息子は，地味であまりもてないから孫を少ししか残さない．そうすると，雌においてはより派手な雄を好むという方向へ，と同時に，雄においてはより派手になるという方向へ，どんどん進化していくでしょう．いったん走り出したら止まらない（runaway）．いや現実には，自然選択との関係でどこかで止まります．たとえば，淡水魚のグッピーの雄は，捕食者の少ない川ほど派手になる（オレンジの模様をもつ）ことがわかっています．

　このランナウェイ説の問題は，走り始めるきっかけです．少し派手な雄がたまたま良い遺伝子をもっていたら，それもきっかけになります．あるいは，もともと雌が特定の刺激に対して敏感に反応する性質をもっていて，たまたまその刺激に相当する特徴を突然変異によってもつ雄が現れたら（感覚

便乗説），ランナウェイが始まります．たとえば，グッピーの雌はオレンジ色の餌によく反応します．カロテノイドを含む餌を採るためです．これが雄の体色に現れたら，雌はそういう雄をめざとく見つけてしまうでしょう．たとえ，その雄が他の雄に比べて特別良い遺伝子をもっていないとしてもです（図 16・6）．

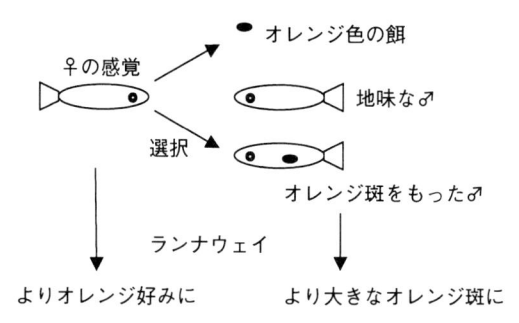

図 16・6 感覚便乗からランナウェイプロセスへ

16・3・5 選択のコスト

図 16・4 の（A）と（B）について説明しましたが，両方が同時に働くこともありえます．良い遺伝子をもつ雄を選び，同時にランナウェイも働くという場合です．ただし，ここでもう1つ考えなければならないのは，雌が雄を選ぶのにもコストがかかるということです．とりあえず出会った雄とすぐに繁殖する雌に比べて，長い時間をかけて，あるいはあちこち移動して，雄の品定めをする雌は，その間にエネルギーも消費するだろうし，捕食者に襲われる危険性も高まります．求愛に夢中なときは，捕食者に対する注意がおろそかになります．つまり，図 16・4 に示した式の最初の項，自分自身の生存率をさげるというコストがかかるのです．捕食者が多い状況では，派手な雄が危険なだけではなくて，雌にとっても派手好みは危険なのです．実際にグッピーでは捕食者の多い川よりも，少ない川にすんでいる雌のほうが，雄の体色に対する選り好みが強いことがわかっています．

第4部 なぜ利他的にふるまえるのか？

17. 子の保護は誰がすべきか？

　進化のしくみの根本は，自分の子孫（遺伝子のコピー）をたくさん残すということにありました．そういう意味では「利己的」と表現することもできます．イギリスのドーキンス（Dawkins, R.）は『利己的な遺伝子（The Selfish Gene）』というタイトルを付けた本のなかで，この進化のしくみを見事に解き明かしています．しかし，人間に限らず動物でも「利他的」にみえる行動をすることがあります．利己的なはずの生物が，なぜ利他的なふるまいもできるのでしょうか？　まず，親が子の世話をするという現象について考えてみましょう．

17・1　子の保護の進化
　親が子の世話をするのは当たり前だと思われるかもしれませんが，親としては自分以外の個体のために働いているわけですから，これも利他行動とみなすことが可能です．ではなぜ親は子の世話をするのでしょう．もちろん，親自身の適応度をあげるために他なりません．親にとっての適応度（子孫の数）は，次のように2つの要素に分けて考えることができます．

$$適応度＝受精卵数×子の生存率$$

敵から子を守ったり，餌を与えたりすれば，当然，子の生存率があがります．それによって親自身の適応度も上昇します．単純な話ですが，ただそれ

だけなら、すべての生物で子の保護がみられるはずです。現実には、たとえば魚類では、ホンソメワケベラなどの例も紹介したように、その約4分の3ではまったく子の保護をしません。なぜ産みっぱなしにするのでしょうか。

17・1・1　保護のコスト

それは、子の保護をするとコストがかかるからです。どのようなコストがかかるのか。それは次回（将来）の受精卵数の減少というかたちで効いてきます（先の式の最初の項：図17・1）。保護することによって現在の子の生存率がよくなったとしても、そのために将来の繁殖にマイナスの影響があるなら、保護しないほうが適応度が大きくなることもありうるのです。子の保護をするかどうかは、その利益と損失、あるいは現在の繁殖と将来の繁殖のトレードオフ（交換条件）になっているのです。

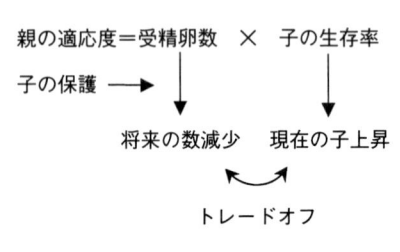

```
親の適応度＝受精卵数　×　子の生存率
子の保護　──→　　↓　　　　　↓
　　　　　　将来の数減少　現在の子上昇
　　　　　　　　　　←──→
　　　　　　　　　トレードオフ
```
図17・1　子の保護と将来の繁殖のトレードオフ

一方、子にとっての適応度からみれば、保護してもらうほうがいいに決まっています。それが母親であろうと、父親であろうと、実の親でなくても、保護してくれるなら都合がいい。それもできるだけ長い間、保護してもらえたほうがよいのです。ところが、親にとっては、保護期間を長くすればするほどコストが大きくなり、将来の繁殖のマイナスになります。つまり、親と子はその立場のちがいから対立関係にあるのです。したがって、親にとっての最適保護期間がすぎれば、親は子を追い出しにかかります。いわゆる子別れの儀式などと呼ばれているものがこれです。あるいは、条件が悪くなると、子を食べてしまうことさえあります。たとえば魚類では、栄養条件が悪化したり、産卵数が少なかったりしたときに、保護中の卵を食べてしまうことがしばしば観察されています。

17・1・2 雌雄の対立

また，子育てのコストの内容は，雄と雌で具体的にはかなり異なります．その原因は例の基本性差にあります．つまり，雌とは大きな配偶子である卵を作る性であり，自分自身がいくつ卵を作るかによって受精卵数が決まります．一方，雄にとっては，精子は小さいからたくさん作れはしますが，精子の数で受精卵数が決まるわけではありません．何匹の配偶者（雌）を手に入れたかによって決まるのです．そうすると，雌にとっての子の保護のコストとは，子育てに時間とエネルギーをとられることによって，次の産卵が遅れる，あるいは産卵数が減少してしまうということであるのに対して，雄にとってのコストは，子育て中に他の雌と配偶できず，配偶者の数を減らすことによって，将来の受精卵数が減ってしまうということになります．

雌雄それぞれに，このような子育てのコストがあるとすれば，子育てにおいて雌雄が協力するとは限りません．受精卵を作るところまでは，もちろん雌雄の協力が必要ですが，子育てにおいては，むしろ本質的に雄と雌も対立関係にあるのです．つまり，もし相手が子育てしてくれるなら，自分はコストを被らずにその子たちの生存率があがります．雄にとっても雌にとっても，子育てを相手に押しつけることがベストなのです．お互いにそうしたい状況であるとしたら，いったいどういう結果になるのでしょうか．

17・2 誰が子育てすべきか？

具体的におもな動物のグループで，雌雄いずれが子の保護を担当しているのかをみてみましょう（表17・1）．

表17・1 受精様式と保育様式：脊椎動物のグループ間の比較

分類群	受精様式	繁殖様式	おもな保護担当者
鳥類	体内受精	産卵・給餌	両親
哺乳類	体内受精	妊娠・授乳	母
軟骨魚類	体内受精	卵生／胎生	母（体内のみ）
硬骨魚類	10％体内受精	卵生／胎生	母（体内のみ）
	90％体外受精	20％保護	父

17・2・1　鳥類と哺乳類

　まず鳥類では，両親協力して子育てするのが一般的です（90％以上）．これらでは，交尾・産卵のあと，卵を抱き，孵化したヒナに餌を与えます．この給餌の必要性が両親の協力を必須のものにしているのです．両親が交代して餌を採りにいけば，運んでくる餌の量も増えるし，片親が巣に残っていると敵から防衛することもできます．そうすると，片親だけで育てた場合に比べて，子の生存率（巣立ち率）はうんとよくなるでしょう．このような状況では，雄も雌も相手に押しつけるのではなくて，協力したほうが自分自身の適応度があがることになります．ただし，一部の鳥類（おもに地上で餌をとる種類）では給餌がみられず，孵化したヒナは親のあとをつけて自分で摂餌し始めます．このような場合には，一夫多妻になって雌だけが子育てしたり，まれですが一妻多夫で雄だけが子育てを担当する種類もいます．

　つぎに哺乳類では，ほとんどの種類で雌だけが子育てを担当しています．交尾のあと妊娠期間があり，出産後は授乳を行うというのが哺乳類の特徴です．ここで，妊娠するのは雌です．つまり，体内受精で精子が雌の体内に入り込んで受精するのですから，受精卵をそのまま体内で保護するとすれば，それは雌にしかできません．この哺乳類としての特質が，いわば系統的な制約となって，雄による子育ての進化を阻んでいると考えられます．雄は妊娠したくてもできないし，妊娠中の雌のそばにいても子の生存率の上昇に貢献することがないのであれば，むしろその雌のそばを離れて他の雌に求愛し，配偶者の数を増やすことによって適応度をあげたほうがよいでしょう．授乳も雌にしかできないのです（雄にも乳首があるのは不思議ですが）．

　哺乳類の中で雄も子育てを手伝う種類は，せいぜい5％以下だといわれています．もちろん人間もそのうちの1種です．たとえば，肉食のイヌの仲間であるキツネやジャッカルは，一夫一妻で両親が協力して子育てします．これには肉食であるということが関係しているようです．出産前後の雌は狩りができないので，ここで雄の出番があります．給餌する鳥のように，雄が餌を運んできて，雌や乳離れし始めた子に与えることによって，子の生存率

は大幅に上昇すると考えられます．

17・2・2 魚類

では魚類ではどうでしょうか（表17・1）．軟骨魚類（サメやエイの仲間）は，すべて交尾・体内受精します．受精卵は一定期間，雌の体内で保持され，鳥のように卵殻をつけて産卵する（卵生）か，体内で孵化した子を出産します（胎生）．後者の場合，哺乳類のように胎盤状構造物を発達させて体内の子に栄養を補給したり，体内であとから成熟した卵や受精卵を食べて育つ種類もいます．しかし，産卵・出産後の保護はまったくみられません．いずれにしても，体内で卵・子を保護するのは雌であり，哺乳類のところで述べたように，体内受精であることがその制約になっています．

一方，硬骨魚類には交尾・体内受精するものは少なく（10％以下），大部分は体外受精します．歴史的にみると，軟骨魚類のほうが古くから出現した魚類ですから，交尾が体外受精よりも進んだ段階であるとはいえません．体内受精の硬骨魚類では，軟骨魚類と同様に，卵または孵化した子を一定期間，雌が体内で保護します（体内運搬型保護）．産卵・出産後の保護はほとんどしません．一方，体外受精の硬骨魚類の大部分（80％以上）では，まったく保護がみられず，産みっぱなしです．保護する場合の多くは，岩などに産みつけた卵やそれから孵化した仔稚魚を見張って守ります（見張り型保護）．前に紹介したクマノミやブルーギル・サンフィッシュなどがこれにあたります．他の方法としては，体表面（腹面や頭）に卵塊を付着させて持ち運ぶとか，腹面に発達した袋（育児嚢：たとえばタツノオトシゴ）に卵・子を入れるとか，口の中に入れて保護するという場合もあります．これらをまとめて体外運搬型保護と呼んでいます（ここでは，腹腔以外の部分，すなわち口や育児嚢は体外とみなしています：図17・2）．見張

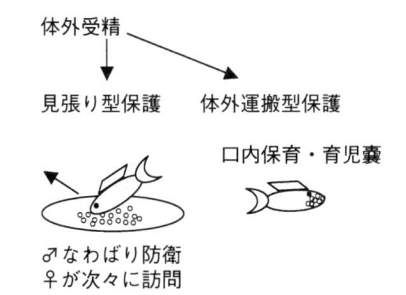

図17・2 体外受精と雄による子の保護

り型や体外運搬型の場合には，雌単独による保護，両親協力，雄単独による保護のいずれの場合も存在しますが，全体としてみれば雄単独による保護が多いのです．とくに見張り保護においては，雄単独で保護するケースが多く（62 %），雌単独保護はずっと少ない（14 %）のです．

なぜ魚では父による保護が多いのか？

　体外受精する魚類において，父親による保護が進化しやすいことにはいくつかの要因があります．

　1）体外受精であるために，受精卵ができた瞬間に雌雄ともそのそばにいる．この点では体内受精とちがって，雌雄対等です．しかも，雄からみても，その受精卵が自分の子であること（父性の信頼度）は確実です（ただし，スニーカーが精子をかけた場合や群れ産卵した場合は別にして）．一方，体内受精では雌が他の雄とも交尾している可能性があるので，生まれた子が自分の子であるかどうかは雄にとって確実ではありません．つまり，体外受精のほうが父性の信頼度が高いのです．自分の子の保護でなければ，自分自身の適応度の上昇につながらないので，これは重要な要素です．

　2）基本性差により，小さい配偶子（精子）を作る雄のほうが，配偶子生産速度が速い（数多く作れる）．そうすると，雄にとって雌の作る卵は相対的に限られた資源となり，配偶者獲得をめぐる雄間の競争がきびしくなります．もし，好適な産卵場所（たとえば，卵に対する捕食圧が低いところ）が限られているとすれば，そこを雌ではなくて，雄がなわばり防衛することになります．そうすると，自分のなわばり内に雌が産卵しに来るので，なわばりのもち主である雄が卵保護しやすいのです．逆に，雌は産んだ後，なわばりから離れることもできます．これは，体内受精の場合，雌の体内に受精卵があるので雌が保護すると述べたことの裏返しです．

　3）最も単純な，見張り保護という方法を採用している魚が多い．見張り

保護の場合，一度に狭い範囲で複数の卵塊を保護することもできます．つまり，雄は配偶者の数を減らすというコストをあまり被らずに卵保護もできるのです（図17・2）．一方，雌にはこのようなメリットはありません．雌にとっては自分の作った卵だけが自分の子ですから，複数の卵塊を見張り保護できたとしてもメリットはなく，コストが減ることもないのです．

このように，基本性差と受精様式と保護方法が関わっているのです．

17・3 配偶システムと子の保護

すでに少しふれましたが，子の保護を誰が担当するかということは，どのような配偶システムのもとで繁殖するかということとも深く関わっています．この基本的な関係をみておきましょう（表17・2）．

表17・2 魚類の配偶システムと保護担当者

配偶システム	おもな保護担当者
一夫一妻	両親，または父
一夫多妻	母
なわばり訪問型複婚	母（体内受精または口内保育）
	父（体外受精見張り型）
一妻多夫	父

17・3・1 一夫一妻

両親で子育てする場合は一夫一妻です．ただし，鳥類では一夫一妻で子育てしているようにみえても，雄も雌もけっこう「浮気」をしていることがわかってきました．配偶者の目を盗んで他の個体と交尾するのです．これは，雄にとっては自分の子を増やすことに直接つながるし，雌にとっては子の数は変わらないとしても，「良い」雄を選ぶことにつながります．結局，雌雄ともに自分の適応度を高めるために，チャンスがあれば浮気するのだと考えられます．

一方，一夫一妻の魚類の場合も，とくに孵化後の仔稚魚も見張り保護する

場合には，両親が協力します．ただし，鳥のような給餌はしないので，敵からの防衛に両親の存在が必要なのだと考えられます．しかし，一夫一妻でも，片親だけが子の世話をする場合もあります．前に紹介したクマノミなどでは，雄が卵保護を担当します．卵の保護だけなら片親でもできそうです．しかし，なぜ雌ではなくて雄がやるのでしょうか．一夫一妻であれば，しかもその夫婦で何度もくり返し繁殖するのであれば，雄が子育てすべきなのです．なぜなら，雌を子育てから解放すると，餌を食べる時間が増え（あるいは子育てにエネルギーをとられることなく），次回の産卵が早まる，あるいはより多くの卵を産んでくれる可能性があるからです．これは雄にとっても，自分の繁殖成功をあげることにつながるので好都合なのです．

17・3・2 複婚

一夫多妻の場合には，哺乳類でも鳥類でも魚類でも，雌が子の世話を担当し，雄は群れ全体あるいはなわばり全体の防衛にあたることが多いようです．とくに，雄のなわばりの中で雌たちが分散している，あるいは互いに排他的な場合には，雄は子育てに手出しできません．なぜなら，ある雌の産んだ卵・子の世話をしていると，残りの雌を他の雄に奪われる可能性があるからです．つまり，雄にとって配偶者の減少というコストが大きいときには，子育てに参加しないと考えられます．

一妻多夫は動物全体を見渡しても非常に少ないですが，鳥類の例をみると，一夫多妻のちょうど逆のケースになっています．この場合，雌は子育てを雄にまかせて盛んに餌を食い，早く次の卵を作ってそれを別の雄にまかせます．鳥の雄の場合は，魚類の見張り保護とはちがって，複数の雌の産んだ卵を同時に保護することはできないようです．卵だけではなくてヒナの世話（たとえ給餌はしないにしても）もするために，保護できるヒナの数が限られてくるためでしょう．

魚類の場合，雄がなわばりをかまえ，そこに雌がやってきて産卵（あるいは交尾）するケースもよくみられます．これを「なわばり訪問型複婚」と呼んでいますが，哺乳類や鳥類でも似たような配偶システムをもつ種類がいま

す．いわゆるレック（集団求愛場）で交尾するものたちです．繁殖期（交尾期）だけ，雄が特定の場所に集まって，それぞれが小さななわばりをかまえ，そこに雌がやってきて交尾する．交尾がすむと雌は去り，別の場所で雌単独で子育てするのです．体外受精する魚類では，同じなわばり訪問型であっても，保護方法によって担当者がちがっています．すでに述べたように，見張り保護の場合には雄がなわばり内で複数の卵塊を同時に保護します．しかし，口内保育するシクリッド魚類などでは，雌が担当します（表17・2）．雄のなわばり内で産卵した後，雌が卵をくわえて出ていくのです．雄はなわばりに留まり，次の雌が来るのを待ちます．口内保育では，雄は一度に1匹の雌の卵しか保護できないので，配偶者の数を減らすというコストが大きいのです．

18. 利他行動の進化

親が自分の子の世話をするのを「利他行動」と呼ぶことには抵抗を感じた方があるかもしれません．こんどは，それ以外の利他行動の例を紹介し，なぜ利他行動が進化するのかについての理論を考えてみましょう．

18・1　働きバチの利他行動

ミツバチは1つの巣にたくさんの個体がすんでいます．これをコロニーと呼びますが，その構成は1匹の女王バチとその子供たちです（図18・1）．繁殖（産卵）しているのは女王バチだけで，息子は将来，巣から出て交尾が終わると死んでしまいます．ですから，コロニーには王はいないのです．女王は交尾したときの精子を溜めておいて，産卵し続けるのです．前にお話ししたように，精子を使わずに未受精卵を産むと息子が，受精卵を産むと娘ができます．

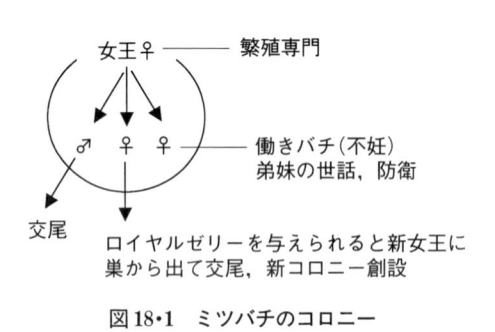

女王♀ ── 繁殖専門
♂ ♀ ♀ ── 働きバチ（不妊）弟妹の世話，防衛
交尾
ロイヤルゼリーを与えられると新女王に巣から出て交尾，新コロニー創設

図 18・1　ミツバチのコロニー

さて，娘たちは働きバチ（ワーカー）と呼ばれ，雌であるにもかかわらず産卵はしません．不妊なのです．そして，どんな「働き」をしているのかというと，巣から出て花から花へと飛び回り，蜜や花粉を集めてきます．女王は自分で餌をとりにいきませんから，この働きバチからもらうわけです．また，女王が産んだ卵とそれから孵化した幼虫の世話をするのも働きバチの役目です．つまり，自分の弟や妹の世話をしているわけです．また，大型のスズメバチなどが巣を襲ってくると，勇敢に戦って，ときには命を落としてしまうのも働きバチです．つまり，命がけで母親や兄弟姉妹を守ろうとする利

他的行動をとるのです．

　アリやシロアリなどにもワーカーがいて，これらは社会性昆虫と呼ばれていますが，なぜワーカーという「自分の子を残さない」性質が進化できるのでしょうか？　自分の子を残さないなら適応度はゼロのはずです．だったら，ワーカーの性質が次世代に伝わるはずがない？　いえ，そうではないのです．ワーカーは弟や妹を育てます．自分が子を残さなくても，弟や妹が残してくれます．女王が死ぬと幼虫の中の1匹が特別な餌，栄養価の高いロイヤルゼリーを与えられて新女王になります．新女王は巣から出て交尾し，産卵し始めます．この妹にも自分がもっているのと同じ遺伝子，つまりワーカーになる遺伝子が共有されているのです．ワーカーになるか，女王になるかは幼虫のときの餌次第なのですから．

18・2　血縁選択

　血縁者が子を残すことによって，自分の性質（を支配する遺伝子のコピー）が次世代に伝わる，という進化のしくみ（血縁選択＝血縁淘汰）を解明したのは，イギリスのハミルトン（Hamilton, W.D.）でした．彼は血縁度という概念をもち込んでこれを数理的に説明しました．血縁度とは，遺伝子の共有確率，自分がもっているある遺伝子を相手ももっている確率のことです．単純にいえば，血の濃さに比例すると思ってもらえばいいでしょう．ミツバチの場合は後から説明するようにちょっと変わっているのですが，ふつうの減数分裂と受精で子を作る動物の場合をまず考えてみましょう（図18・2）．

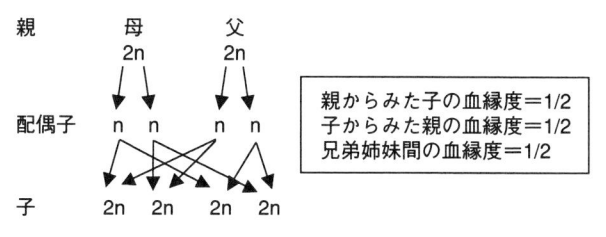

```
親        母      父
         2n      2n
          ↓↓     ↓↓              親からみた子の血縁度＝1/2
配偶子   n  n    n  n             子からみた親の血縁度＝1/2
          ＼✕／                  兄弟姉妹間の血縁度＝1/2
子       2n  2n  2n  2n
```

図18・2　有性生殖における血縁度

18·2·1 血縁度

まず母(父)からみた子の血縁度は,卵(精子)を作るときには相同染色体2本のうち1本,並んでいる遺伝子2個のうちどちらか1個を渡すわけですから,母(父)がもっているある遺伝子(相同染色体2本のうちどちらか片方に乗っている遺伝子)のコピーを子に渡す確率は1/2(50%)になります.逆に子からみた母(父)の血縁度はどうなるかというと,子がもっている相同染色体2本のうち1本は卵(母)から,もう1本は精子(父)からもらったものですから,そのうち片方に乗っているある遺伝子を母にもらったか,父にもらったかは,どちらの確率も1/2になります.つまり,親からみた子の血縁度も,子からみた親の血縁度も,ともに1/2で等しいのです(図18·2).

では兄弟姉妹間の血縁度はどんな値になるのでしょう? さっきの2つのケースを組み合わせて計算すればいいのです.ある子の相同染色体2本のうち片方に乗っているある遺伝子Gは,母からもらったか,父からもらったかで,どちらも確率1/2です.母からもらった場合,母がその遺伝子Gを他の子(兄弟姉妹)に渡している確率は1/2でした.したがって,ある子がもっている遺伝子Gが母親経由で他の兄弟姉妹にも共有される確率は1/2×1/2=1/4になります.同様に,父親経由の場合も1/2×1/2=1/4になり,この2つの場合を足し算すると,1/4+1/4=1/2となります.つまり,兄弟姉妹間の血縁度も,親子間と同じ1/2なのです.

言い換えると,自分の子を育てるのも,自分の弟や妹を育てるのも,自分のもっている遺伝子を残すという面からみると,どちらも1/2(50%)の確率で同じ価値があるのです.あるいは,自分の孫だと血縁度は1/2×1/2=1/4に減りますが,もし孫を2人育てあげることができたら,1/4×2=1/2で,自分の子を1人育てあげたのと同じだけの遺伝子が残るのです.

18·2·2 包括適応度

ハミルトンはこの血縁選択を考慮した適応度を,包括適応度と呼びました.つまり,自分のある性質を支配している遺伝子のコピーが次世代にどれ

ミツバチの血縁度

ミツバチの場合は，受精すれば娘，未受精卵は息子になるという変わった性決定システムをもっていますから，血縁度の数値が変わってきます（図18・3）。結論だけ言うと，雌バチ（母）からみた子の血縁度は，娘であれ息

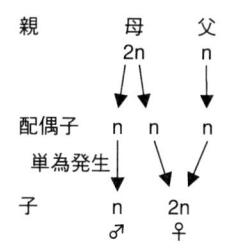

```
親       母   父
         2n   n
         ↓↓   ↓
配偶子    n n  n
単為発生    ↓↘ ↓
子         n   2n
           ♂   ♀
```

母からみた子の血縁度＝1/2
父からみた息子の血縁度＝0
父からみた娘の血縁度＝1
息子からみた母の血縁度＝1
息子からみた父の血縁度＝0
娘からみた親の血縁度＝1/2
姉からみた妹の血縁度＝3/4
姉からみた弟の血縁度＝1/4

図18・3　半倍数性のミツバチの血縁度

子であれ1/2で図18・2の場合と同じですが，姉からみた弟の血縁度は1/4しかなく（弟には父親がいないから），姉からみた妹の血縁度は3/4もあるのです（父親は半数体だから，父親からは姉妹は必ず同じ遺伝子をもらう）。つまり，ワーカーとしては，弟よりも妹をたくさん育てられる状況なら，自分の子を産んで育てるよりもたくさん遺伝子のコピーを残せる可能性があるのです。ただし，息子と娘の割合を決める，産み分けできるのは女王バチですから，必ずしもワーカーの思惑通りいくとは限りませんが，多くのコロニーでは娘のほうが多くなっています。

だけ伝わるかという指標です。

　　包括適応度＝自分の子の数×血縁度(1/2)＋
　　　　　　　　　利他行動により増加した血縁者の子の数×血縁度

たとえば，母親を助ける利他行動をして弟妹を増やすことができれば，その数に1/2（ミツバチの場合は弟なら1/4，妹なら3/4）を掛けた値が右辺の第2項になります。注意しなければならないのは，自分が利他行動しなく

ても，母親は勝手に弟妹を増やしていくかもしれませんが，その数はカウントしてはいけません．この項にプラスできるのは，あくまでも自分が利他行動した結果，増えた分だけです．また，これまでの話では適応度として右辺の第1項だけを考えてきたわけですが，それも間違いではありません．なぜなら，利他行動を考慮しなくてよいケースを扱っていたので，第2項がゼロであることが最初からわかっていたのです．

血縁者に対する利他行動ができるのは，社会性昆虫のように共同生活（2世代同居）するものに限られます．弟や妹が生まれる前に親元を離れてしまうと，かれらの世話などできるはずがありません．一夫一妻で両親が協力して子育てをする鳥，哺乳類，魚の中にも，繁殖可能年齢になっても親元を離れずに，両親の子育てを手伝うヘルパー（子育てのお手伝いさん）が見つかっています．

18・3　非血縁個体間の利他行動

フロリダヤブカケスという一夫一妻の鳥では，ヒナが巣立ちする前に足輪を付けて個体識別し，長期間の継続調査が行われています．この鳥は雌雄のペアでなわばりを防衛して，両親で子育てします．ヒナは成熟すると巣立っていき，どこかで配偶者を見つけてなわばりをかまえ繁殖します．しかし個体群密度の高いときには，いい場所，つまり餌のたくさんある場所はすでに他のペアのなわばりに占められており，若鳥は独立してなわばりをもちたくてももてないのです．つまり，自分で繁殖したくてもできないのです．

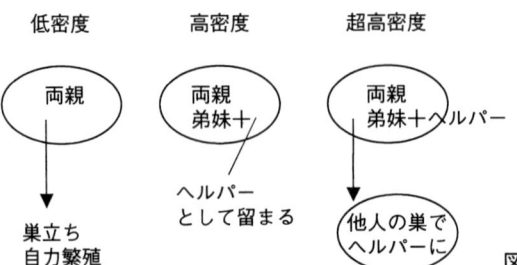

図18・4　鳥のヘルパーの出現条件

こういうとき，どうするかというと，巣に残って両親のお手伝い（ヘルパー）をします．つまり，あとから生まれてきた弟妹に餌を運んできたりして世話します．この利他行動は，ワーカーの血縁選択の話と同じで，包括適応度をあげることになります（図18・4）．

ところが親にとっては，どの子も独立せずに何羽もヘルパーがいるとかえって邪魔になります．なわばりの中の限られた餌が，この居候たちによっても消費されるからです．そこで，ヘルパーが多すぎると追い出しにかかります．追い出された若鳥はどうすればいいのでしょう？

出ていっても自分のなわばりはもてません．うろうろしていても，いい餌場は他のペアのなわばりで占められていますから，十分に餌も食えないでしょう．そこでどうするかというと，血のつながっていない他人のなわばりに入り込み，その巣にいるヒナたちの世話をし始めるのです（図18・4）．もしヘルパーをせずに，なわばりで餌を食っているだけだと，もちろん追い出されます．居候させてもらう代わりに子守りをしているといってもいいでしょう．

つまり，自分で繁殖できない，両親のもとでヘルパーもできないという状況で，いわば次善の策として，他人のなわばりに入り込んでヘルパーをするわけです．もちろん，この場合は血縁がないので，いくら利他行動をしても包括適応度の第2項はプラスになりません．しかし，ヘルパーをせずに放浪しているよりは，(1) 自分の餌が確保できる，(2) 将来そのなわばりを受け継ぐ可能性が高くなる，(3) 子育ての練習になり，自分で繁殖を開始したときに巣立ち率がよくなる，などの点で将来の繁殖成功につながるのだと考えられます．つまり，自分にとっても利益があるからこそやっているのです．

このように，非血縁者間の利他行動というのは，異種間の共生と同じで，互いに利益がなければ進化するはずがないのです．ホンソメワケベラが他の魚の体表から寄生虫をとってあげるのは，相手の健康を思ってのことではありません．あくまでも自分自身の餌を手に入れるための「利己的な」行動です．たとえ同じ種類に属する仲間であっても，血縁が薄い場合にはこれと同

じ状況です．ギブ&テイクの互恵的な利他行動なら進化できますが，自分の適応度をさげて，非血縁者の適応度をあげるような行動は進化できないのです．そのような遺伝子は残りえません．ただし，人間だけは血縁選択でもなく互恵的でもない，純粋な利他行動もできるようにも思います．ただし，そういう行動がとれるのは，遺伝子に操られるのではなくて，遺伝子に逆らって，理性的にふるまえる人に限られるはずです（163頁コラム「遺伝子に操られないために」参照）．

19. 協力とゲーム理論

相手と協力すべきか，あるいは争うべきかという状況における最適解は，ゲーム理論という数理モデルを使って説明することができます．また，この理論は2つの代替戦略がどのような状態で共存できるのかも明らかにしてくれます．

19・1　タカ・ハトゲーム：闘争か協力か

まず攻撃行動の進化について，タカ・ハトゲームと名付けられた仮想的なモデルを紹介します．ただし，ここでいうタカ・ハトは，現実の鷹と鳩のことではありません．人間社会でよく使われるタカ派・ハト派という言葉遣いをもじったものです．つまり，2種間の攻撃行動ではなくて，1つの種類のなかでの，タカ派（攻撃的な個体）とハト派（平和的な個体）の共存のしくみを解析するモデルです．

19・1・1　ゲームのルール（前提）

同種個体間の食物をめぐる争いを考えてみます．ここに1つの食物があり，それを食べることによって得られる利益をVとします．自分ひとりで見つけたときは，もちろんVがそっくり手に入るわけですが，これを2匹が同時に見つけたとき，どんなことが起こるのか考えてみます．まずけんかのルールを決めておきます．つまり，ゲームの前提条件で，実際には各種類ごとにちがうものです．ここではできるだけ単純なルールにしておきましょ

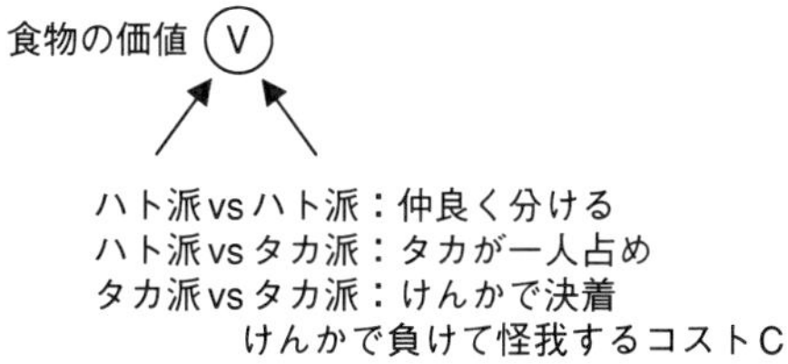

食物の価値 Ⅴ

ハト派 vs ハト派：仲良く分ける
ハト派 vs タカ派：タカが一人占め
タカ派 vs タカ派：けんかで決着
　　　　　　　けんかで負けて怪我するコストC

図19・1　食べ物をめぐる争いのルールの例

う（図19・1）．ハト派の2匹が鉢合わせた場合は，けんかをせず仲良く分けるとします．そうすると，それぞれの利益はV/2です．タカ派とハト派が出会った場合は，タカ派は攻撃し，ハト派は抵抗せずに逃げていくとすると，タカ派個体の利益はV，ハト派個体の利益は0（抵抗しないので損失も0）となります．タカ派の2匹が出会うと，一方が怪我をするまでとことん争い，勝ったほうが利益Vを独占するとします．負けたほうは，怪我した分の損失Cを被るとしておきます．

ここで決めたのはあくまでも仮のルールです．現実の動物では種ごとに異なるルールがありえます．たとえば，ハト派同士でも仲良く分けるのではなくて，けんかはしないが，にらみ合いでねばったほうが勝って食物を独占するという場合もあります．このときは，にらみ合いによる時間的損失を両者が被ることになります．このように，実際にゲームモデルを適用するときは，種ごとの前提条件を取り入れるわけです．ここでは，理論を理解しやすいように，できるだけ単純なルールを仮定したのです．

19・1・2 ゲームの利得表

さてこの状況で，ハト派かタカ派か，どちらの性質が進化していくのかを検討してみましょう．出会った相手次第で，利得（得点）が変わってくるというのがポイントです．それを表にまとめたのをゲームの利得表といいます（表19・1）．もちろん，前提条件次第でこの表の数値は変わります．いま仮に，全員タカ派の集団があったとしたら，そして勝敗の確率が半々であるとしたら（つまり個体間に優劣がないと仮定したら），勝ったときVが手に入り，負けるとCだけ損するので，個体ごとの平均利得は$(V-C)/2$になります．一方，全員ハト派の集団なら，個体の平均利得は$V/2$です．たくさん餌を食べると，生き延びてたくさんの子孫を残すはずですから，この利得の大きさ

表19・1　タカ・ハトゲームの利得表

		相手	
		タカ(p)	ハト($1-p$)
自分	タカ	$(V-C)/2$	V
	ハト	0	$V/2$

を適応度とみなしてもよいでしょう．そうすると，V/2 のほうが(V−C)/2 より大きい値になりますから，全員ハト派の集団のほうが，全員タカ派の集団よりも有利であるようにみえます．したがって，ハト派ばかりになるように進化していくと結論したくなります．しかし，このような集団の平均値の比較から結論を出すのは，まさに種族繁栄論の誤りを犯していることになるのです．正しくは，個体の適応度を比較しなければなりません．

19・1・3　突然変異と適応度

たとえば，全員ハト派の集団があったとして，そこに突然変異でタカ派の個体が出現したらどうなるのでしょうか．このタカ派個体は，まわりはハト派ばかりだから，出会った相手に必ず勝って利得 V を手に入れます．一方，多数派であるハト派個体の平均利得はおよそ V/2 です（タカ派個体に出会う可能性は非常にまれなので）．つまり，突然変異のタカ派個体の適応度のほうが，まわりのハト派個体より明らかに大きいのです（V > V/2）．そうすると，自然選択によってタカ派個体の割合が次世代には増えていくはずです．つまり，全員ハト派の集団は，進化的なタイムスケールでみたとき安定ではないのです．ではタカ派はどこまで増加していくのでしょう？

こんどは逆に，全員タカ派の集団に，突然変異でハト派個体が出現した場合を考えてみましょう．このハト派個体は，まわりはタカ派ばかりで必ず負けるので，利得は 0 です．一方，まわりのタカ派個体の平均利得はほぼ (V−C)/2 です．どちらの利得が大きいかは，V と C の大小関係次第となります．

V > C のときは，タカ派の平均利得 (V−C)/2 は 0（ハト派個体の利得）より大きくなります．ということは，せっかく生じた突然変異のハト派は，世代を経るとともに自然選択により消滅してしまいます．つまり，V > C（けんかに勝ったときの利益のほうが，負けたときの損失よりも大きい）という条件のもとでは，全員タカ派の集団が進化的に安定になるのです．言い換えれば，タカ派戦略が最適戦略となります．

では逆に V < C のときはどうでしょうか．このときはタカ派の平均利得

$(V-C)/2$ は 0 より小さくなります。すなわち，突然変異のハト派個体の利得（0）のほうが大きくなり，自然選択によりハト派が増加していきます。利得 0 で増加するというと奇異に感じるかもしれませんが，いま計算しているのは 2 匹が出会った場合だけで，ハト派でも自分ひとりで食物をみつけたときにはそれを食べているので適応度はゼロではありません。適応度の相対的な大小だけが問題なのです。ともかく，$V<C$ という条件においては，タカ派集団も安定ではなく，ハト派が増加していきます。ではどこまで増加していくのでしょうか？

19・1・4　2つの戦略の平衡頻度

$V<C$ ならハト派とタカ派が共存した状態で安定すると予想されますが，そのときの両者の頻度（割合）を求めてみましょう。まず集団中のタカ派の頻度を p（$0 \leq p \leq 1$）としておきます。ハト派の頻度は当然 1－p になります。両者の適応度が等しくなるところで安定すると考えられるので，そのときの p の値（平衡頻度）を求めます。表 19・1 を用いて計算してみましょう。利得は出会った相手次第で変わりますが，タカ派・ハト派それぞれに出会う確率は，それぞれの集団中の頻度（p と 1－p）に等しいと考えられるので，それぞれの場合の利得にこの確率をかけて，それを合計してやればいいのです。すなわち，

$$\text{タカ派個体の平均利得} = p(V-C)/2 + (1-p)V$$
$$\text{ハト派個体の平均利得} = p \times 0 + (1-p)V/2$$

となり，この両者をイコールとおいて，p について方程式を解いてみると，

$$p = V/C \quad (\text{ただし，} V < C)$$

となります。つまり，集団中のタカ派の割合が V/C，ハト派の割合が $1-V/C$ のときに両者の適応度が等しく安定状態になります。もしこれよりタカ派が増えれば，その適応度は相対的にハト派より小さくなるので，ハト派が増え，この平衡頻度に戻ります。また，この平衡頻度は V と C の相対値

によって決まるので，たとえばけんかによる損失Cが非常に大きいときには，集団中のタカ派の割合が非常に少ない状態で安定します．逆にCの値が利益Vに近いときには，大部分がタカ派の状態で安定するのです．

ちなみに，この平衡頻度における平均利得（タカ派＝ハト派）は，もとの式に$p=V/C$を代入すると，$(1-V/C)V/2$になります．これは全員ハト派であった場合の平均利得$V/2$よりも明らかに小さい．つまり，全員が平和主義者であれば，みんな平均して高い利得が手に入るのに，現実には突然変異が生じるためにタカ派個体の侵入を許し，平均値がさがったところでしか安定しないのです．言い換えれば，集団の利益（種族繁栄論）で考えると，全員ハト派になるはずだが，実際にはそうはならない．ここでも種族繁栄論の誤りは明らかです．

混合戦略と混合戦術と条件付き戦略

本文の説明ではタカ派とハト派が遺伝的に異なるタイプであると仮定し，$V<C$のときには2つの代替戦略が共存（混合）する状態で安定になることを示しました（混合戦略）．この分析は，同じ個体があるときはタカ派として，またあるときにはハト派としてふるまうような，2つの戦術を混合した戦略をとる場合（混合戦術）にも当てはまります．つまり，出会いのうちV/Cの割合でタカ派として，あとはハト派としてふるまう個体が最も大きな適応度を得るということです．しかし現実には，このように確率的にふるまう動物の例はほとんど知られていません．現実の動物では各個体は均質ではなく，大きい個体のほうがけんかに有利でなわばりをもったり，雌を独占したりします．おなじ個体でも成長に応じて優位性が変化するし，おなじ大きさでも所属するグループの構成メンバー次第で優位になることも劣位になることもあります．このような，そのときの自分のおかれた立場に応じて行動を変化させる（異なる戦術をとる）条件付き戦略が多くの動物で採用されているのです．

ちなみに，すでに紹介した性比が1：1で安定することなど，2つの代替戦略の共存はすべてこのゲーム理論で説明できるのです．

19・2 「囚人のジレンマ」ゲーム

もう1つ，「囚人のジレンマ」と呼ばれる状況で，他者と協力すべきかどうかという問題をゲーム理論で考えてみましょう．

2人の共犯者が容疑者としてつかまりましたが，物的証拠がまったくなく，自白しなければいずれ釈放されることが，2人ともわかっているとしましょう．そこで，警察では2人を別々の部屋に入れて自白を迫ります．「先に自白したら，すぐに釈放する」ともちかけられたら，どうしたらいいでしょうか？

もし共犯の相手に協力して黙秘を続ければ，いずれは2人とも釈放してもらえます．しかし，何日間かの取り調べの時間を耐えなければなりません．もし裏切ったら，すぐに釈放されます．しかし，相手もそう考えているかもしれない．もし2人が同時に裏切ったら，2人とも釈放してもらえないでしょう．したがって，相手の行動次第で自分の行動の結果（得点）が変わってくるという，ゲームの状況になっているのです．相手のふるまい方を予想して，自分の行動を決めなければなりません．あなたなら，どうしますか？

このジレンマを解決するために，ゲームの利得表を作って分析してみましょう（表19・2）．お互いに協調して黙秘を続けたときの得点を3点，自分が先に裏切ったときはそれより得するので5点，裏切られて自分1人で罪をかぶった場合をゼロにしましょう．同時に裏切ったときは，2人で罪をかぶるのでまだ少しはましということで1点あげておきます．さて，この状況（前提条件）で高得点をあげるにはどうしたらよいか？　利得表を眺めれば，答えは

表19・2 「囚人のジレンマ」ゲームの利得表

		相手			
		協調（黙秘）		裏切（自白）	
自分	協調	3	3	0	5
	裏切	5	0	1	1

すぐに出てきます．裏切るべきなのです．相手が協調的だった場合に，自分も協調すると3点なのに対して，裏切ると5点手に入ります．相手が裏切った場合は，自分は協調すると0点，自分も裏切ると1点手に入ります．相手がどちらの行動をとった場合でも，自分は裏切ったほうが得するのです．

ただし，これは1回きりのゲームの場合です．この2人がいつかまた共犯で捕まったら，どうするでしょうか？　前回，裏切られたほうは，今度はあいつを信用しないぞ，と逆に先に裏切るかもしれません．実際の社会における人間関係というのは，さまざまな人とゲームをくり返しているとみなすこともできます．このような状況でどうふるまえばいいのかを，コンピュータ上でシミュレートした研究者がいます．さまざまな「ふるまいかた」のプログラムを募集し，それらにコンピュータの中でくり返しつきあいのあるゲームをさせてみたのです．そうすると，最も高得点をあげたのは，「Tit for Tat（しっぺ返し）」というやりかたでした．初めてのつきあいでは，誰に対しても協調します．そのとき，相手も協調してくれたら，次回もその人に対しては協調的にふるまいます．もし，相手に裏切られたら，次回はその人に出会えば自分のほうから裏切ります．つまり，相手が前回とった行動と同じふるまいをするというやり方がベストだったのです．

このゲームでは，「自分が高得点をあげる」ということを目的とした場合の最適解を求めましたが，それを適応度に置き換えて協力行動の進化を論じることができます．一方，「自分はどうでもよくて，相手に高得点をあげさせる」ようにふるまうなら，当然，答えは違ってきます．そのような目的でふるまえる人こそ，純粋に利他的だといえるでしょう．

20. 類人猿と人類の社会

　私たち自身を理解するために，人間に最も類縁が近い動物，つまり，類人猿の行動と社会をみておきましょう．かれらと私たちにどれくらい共通点があるのでしょうか．第2部11章の最後に分子系統樹を紹介しましたが，人間に最も近いのはアフリカにすんでいるチンパンジーとボノボ（ピグミーチンパンジー）で，約500万年前に人類と分岐したといわれています．そして，かれらと私たちのDNAの塩基配列は98％は共通していると見積もられています．その次に近いのがゴリラ，オランウータンで，これらを合せてヒト科というグループにまとめられています．遠いほうからみていくことにしましょう．

20・1　オランウータンとゴリラの社会
　オランウータンは現地名で「森の人」という意味だそうですが，東南アジアの熱帯森林にすみ，ほとんど樹上生活をしています．おもに植物の果実を食べています．高い木の上にいるので観察するのが難しく，まだ詳しいことはわかっていませんが，基本的に単独行動を好むようです．雄の行動圏は広く，複数の雌とオーバーラップしているので，一夫多妻的な配偶システムであると考えられています．母親だけが子育てして，子供たちは成熟すると独立していくようです．
　一方，ゴリラは熱帯アフリカの森林地帯にすみ，オランウータンとちがって，木の上よりも地上で活動する時間のほうが長く，おもに植物の葉や茎を食べています．数頭単位の群れで行動しますが，基本構成はシルバーバックと呼ばれる1頭の雄と，複数の大人の雌たち，そして子供たちです．大人の雄は雌よりも大きくなり，背中の毛が銀色になります（人間でいえば白髪でしょうか）．このようにゴリラは雌雄の性差が顕著で，一夫多妻の群れで生

活しているのです．

　子供たちは，息子も娘も，成熟すると群れから出ていきます（図20・1）．

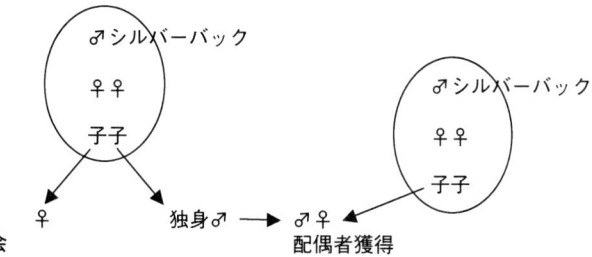

図20・1　ゴリラの社会

雄はまず独身で放浪しますが，配偶者を手に入れるにはシルバーバックのいる群れに近付かないといけません．近付くとシルバーバックに威嚇されますが，付かず離れずねばっていると，若い雌を誘いだすのに成功して自分の配偶者にすることができます．娘が群れを離れるのはこういう状況です．こうして，雄は次々に他の群れから若い雌を誘いだして，配偶者の数を増やしていくのです．この一夫多妻の群れは，雄が一代で築きあげた「家族」であり，シルバーバックが死ぬと，「家族崩壊」して雌は他の雄の群れに移入します．

　この群れにいる子供たちは，全部シルバーバックの子供です．したがって，授乳中は雌が抱いていますが，離乳後は雄も子供の面倒をよくみます．雄も子育てに協力する数少ない哺乳類の1種なのです．

20・2　チンパンジーとボノボの社会

　この2種も熱帯アフリカの森林地帯にすんでおり，木にも登りますが，地上で活動する時間のほうが長いのです．オランウータンやゴリラとのちがいは，雑食だという点です．植物（果実など）だけでなく，昆虫や小哺乳類（他のサルやシカなど）も食べます．肉食をするという点で人類と共通しているのです．

20・2・1 父系的集団

チンパンジーとボノボの社会構造はよく似ており，50〜100頭くらいの「地域集団」で生活しています．数キロメートル四方くらいの範囲をその集団のなわばりとして，隣の集団となわばり争いをすることもあります．ただし，50頭，100頭がいつも群れて行動しているわけではなく，ふだんは数頭単位で活動しています．いっしょに行動する仲間は日々変化し，ゴリラのような特定の雄と雌のつながりが維持された「家族」という単位はみられません．地域集団の中で，雄も雌も複数の相手と交尾する乱婚的な社会なのです．1〜2週間程度の一時的なペア関係が維持されることもありますが，ハネムーンが終わるとペアを解消して，別の相手と関係をもちます．ですから，雄にしてみると，どれが自分の子かわかりません．自分が交尾した雌を覚えていたとしても，その雌は他の雄とも交尾していますから，生まれてきた子の父親が誰なのかは，雄にも雌にもわからないのです．

子供たちのうち，息子は一生，生まれた集団に留まります．娘のほうは他の集団へ移籍します（図20・2）．子供を産んでからでもまた移籍することがあります．雄が残って雌が出ていくわけですから，集団にいる雄たちは父と息子，兄と弟，叔父と甥（おい）というような血縁関係があるのです．これを父系的集団と呼びますが，哺乳類の群れはほとんど雄が群れから出ていく母系的集団なのです．父系的集団がみられるのは，ボノボとチンパンジーのほかには人間だけです．人類学者の調査によると，古今東西の人間社会の大部分では「嫁入り」によって婚姻が成立するそうです．

ちなみにニホンザルも複数の雄と雌から構成される群れで生活しています．チンパンジーとちがうのは100頭でも200頭でも群れて行動する点ですが，もう1つ重要なちがいは，息子が群れから出ていき，娘が残るという母

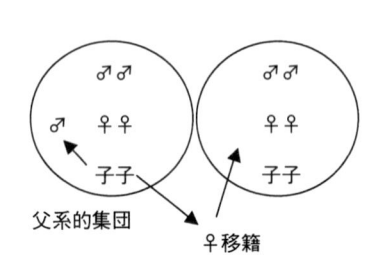

図20・2 チンパンジーの社会

系的集団であるということです（図20・3）. ハヌマンラングールやライオンもそうでしたし, アフリカゾウなどはふだんは雌と子供だけの母系的な群れで行動しており, 交尾期にだけ雄が近付いてきます. 母系こそが哺乳類の群れの特徴なのです. なぜ, ボノボとチンパンジーと人間だけが父系制を採用したのかはわかっていません.

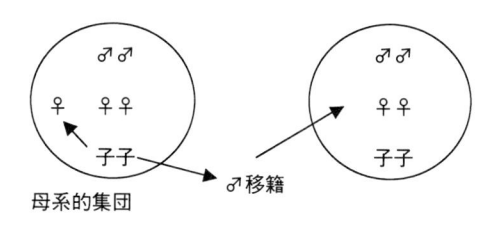

図20・3　ニホンザルの社会

　ボノボとチンパンジーはよく似ていますが, 異なる点もあります. チンパンジーでは大人の雄どうしがよくいっしょに行動します. 協力して狩りをすることもあるし, けんかもします. 第1位個体を第2位と第3位が協力してやっつけるとか, 元第1位が第3位を味方に付けて1位の座に返り咲くといったような, 人間並みの権力闘争もみられます. 一方, ボノボの場合は, 大人の雄どうしよりも雌どうしのほうがよくいっしょに行動します. さらに, チンパンジーでは子殺しが数十例記録されていますが, ボノボではまだ1例も報告されていません.

20・2・2　チンパンジーの子殺し

　チンパンジーの子殺しはライオンやハヌマンラングールとはちがう状況で起こります. チンパンジーでは他所から来た雄による「乗っ取り」という現象はみられません. 雄は生まれた群れから出ていかないからです. 一方, 雌は他の群れからやってきます. そして, 他の群れから移籍してきたばかりの雌が連れてきた乳児や, やってきてすぐに産んだ子を雄が殺すケースが多いのです. 数頭の雄が雌を追い掛けて, 赤ん坊を奪い取って食べてしまうこともあります. いずれにしても, 雄は自分の子を殺しているわけではありません. そして, 乳児を殺された雌は, ライオンやハヌマンラングールの子殺しの場合と同様に, 子供を失うと発情してしまうのです. ただし, チンパンジーの集団では, 子殺しをした雄以外にも雄はたくさんいます. したがって,

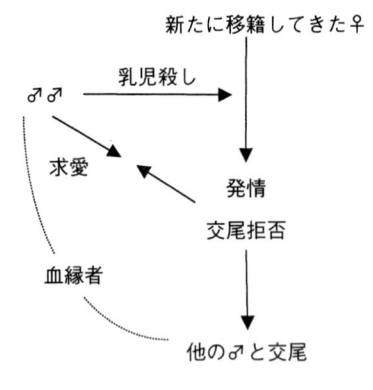

図20・4 チンパンジーの子殺し

雌としては、発情したとしても、自分の赤ちゃんを殺した雄たちが求愛してきても交尾を拒否して、ほかの雄と交尾するという選択肢をとることが可能です。しかし、そうだとしたら、子殺しした雄にとっては、何のメリットもありません。利益がないのなら子殺し行動が進化するはずはありません。ではいったいなぜ子殺しするのか？

交尾拒否されても子殺ししたほうがよい可能性があります。それは、チンパンジーの集団が父系的集団だからです。子殺しして、発情した雌と自分が交尾できなくても、その雌が選んだ雄は自分と血縁のある雄なのです（図20・4）。だとしたら、子殺しは血縁者が子を残す機会を増やす利他行動になっているかもしれないのです。父系的集団であるために、血縁選択の可能性が考えられるのです。

20・2・3 ボノボの擬発情

では、同じ父系的集団であるボノボでは子殺しがみられないのはなぜでしょうか？　それはボノボが頻繁に性行動をすることと関係がありそうです。性行動、交尾行動というのは、もちろん子供を作るための行動です。しかし、ボノボでは絶対に子供ができるはずがない状態でも、つまり生殖と無関係に、性行動することがよくみられるのです。ボノボでそんな観察が報告されるまでは、そんな無駄なことをするのは人間だけだといわれていました。

ボノボの生殖と無関係な性行動というのは、たとえば妊娠中や授乳中の雌が雄と交尾することです。こういう時期は次の排卵が起こっていませんから、いくら交尾して精子をもらっても新たに妊娠することはありえません。ほとんどの哺乳類は妊娠中や授乳中は交尾を受け入れない、つまり発情しないのです。ですから、こういう時期に交尾を受け入れるというのは、にせの発情、「擬発情」をしているともいえます。喜んで交尾した雄は、無駄な射

精をするわけですから，だまされているのです．ということは，まさに雄をだますために擬発情しているのかもしれません．それによって雌にどんな利益があるのか？　そうです．交尾を受け入れたら子殺しされなくてすむのです．授乳中の雌は交尾させてくれないから，雄は子殺しをしました．交尾させてくれるなら，雄は子殺しする必要はありません．

人間が排卵期以外にもセックスをするということの起源も，ボノボと同様のことだったのかもしれません．人間の女性は，自分がいつ排卵したかを自覚できません．だからこそ，予定外の妊娠ということも起こるし，さまざまな避妊法が開発されているわけです．なぜ女性は自らの排卵を自覚できないのか？　それは，敵（雄）をだますにはまず味方（自分）をだませ，という自己欺瞞の可能性が考えられます．

挨拶としてのセックス

ボノボの頻繁なセックスというのは雄と雌の間だけではありません．ボノボでは雌どうしの「交尾」行動が頻繁にみられるのです．大人の雌どうしの結びつきが強いと言いましたが，彼女たちは雌雄で行うセックスと同じ体位で，しょっちゅう交尾行動をしているのです．もちろん，雌どうしですから子供はできません．生殖とは無関係です．これは，あちこちからやってきた血縁のない雌どうしが仲良くすごすための，緊張緩和のための挨拶行動だと考えられています．人間でも，日本人はふつうおじぎしかしませんが，欧米人は初対面でも抱き合ったり，キスしたりするのが挨拶になっています．子供を作ることが目的ではないセックスも，仲良くなるための挨拶の一種であるといえます．

20・3　人類社会の起源

人類最古の化石は約 440 万年前のラミダス猿人で，アフリカで発見されて

います．熱帯アフリカで人類が誕生した，つまり，チンパンジーたちの祖先と種分化したことは間違いないでしょう．それは約500万年前のことですが，その後，アジアとヨーロッパに広がっていき，アメリカ大陸に到達したのは，せいぜい1万5千年ほど前のことです．モンゴロイドがアジアから北回りで北米に到達し，やがて南米まで広がったのです．もちろん，コロンブスがアメリカ大陸を「発見」するよりはずっと昔の話です．人類の拡散の歴史は侵略の歴史でもあるのです．

20・3・1　平原への進出と狩猟採集生活

よく人間は「木から降りたサル」だといわれます．しかし，ゴリラもチンパンジーもすでにかなり木から降りた生活をしています．かれらと人類のちがいは，人類が森林地帯から平原（サバンナ）に出ていったことだといわれています．そして，平原で早く敵を見つけやすいように，視線を高くするために立ち上がって，2足歩行を開始したと．

直立歩行の起源に関しては，水辺で生活していたことがきっかけだという説もあります．深いところまで入っていったとき，顔を水から上げるために自然に直立したというわけです．体毛がほとんどなくなったことも，水中生活していたことの根拠の1つとされています．確かに，イルカやクジラには体毛がありません．しかし，ラッコやカワウソは体毛をもっていますから，それだけでは絶対的な証拠にはなりません．一方，水中出産で生まれたばかりの人間の赤ちゃんが，水をまったく怖がらないというのも不思議です．

人類がチンパンジー・ボノボと分かれたのは約500万年前だと言いましたが，人類が人間独特の生産手段，つまり農耕を開始したのは，わずか1万年前のことです．それまでの499万年はチンパンジーと同様の狩猟採集生活をしていたと考えられます（図20・5）．つまり，人類の歴史500万年のうち99.8％はチンパンジーと変わらぬ生活を送っていたのです．そして，工業化や都市生活が進んだのはせいぜい数百年前からのことですから，進化のタイムスケールからみたら無視していいような時間です．私たち現代人の遺伝子は，そのほとんどが狩猟採集生活に適応したものなのです．

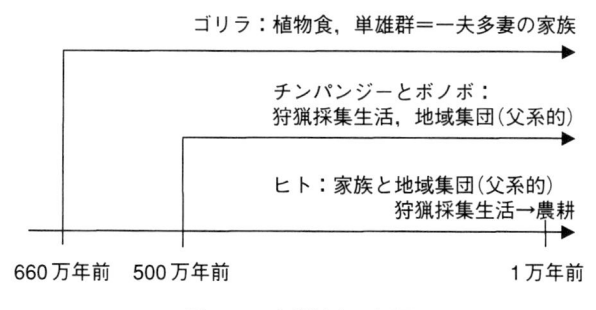

```
ゴリラ：植物食，単雄群＝一夫多妻の家族
┃
┃    チンパンジーとボノボ：
┃    狩猟採集生活，地域集団（父系的）
┃    ┃
┃    ┃    ヒト：家族と地域集団（父系的）
┃    ┃         狩猟採集生活→農耕
┃    ┃                           ┃
660万年前  500万年前              1万年前
```

図 20・5　人類社会の起源

20・3・2　重層的な社会構造

　人間社会の単位としては，人類学者が古今東西の記録を調べたところによると，少なくとも「家族」と「地域集団」の2つが認められるようです．この重層構造（二重構造）があらゆる人類社会の共通点になっています．家族には一夫一妻と一夫多妻の両方のケースがあります．現在の日本では法律で一夫多妻は禁止されていますが，国によっては認められているところもあります．また，過去においては日本でも，権力者が実質的に多数の妻をもつということは普通でした．いずれにしても，家族という配偶関係の継続性が，父親も子育てに協力するという，哺乳類では珍しい性質と関連しているのです．

　一方，家族が集まって地域集団を形成するのはなぜでしょうか？　現在でも狩猟採集生活をしているアフリカのピグミー族や，アマゾンのヤノマミ族では，男たちはいっしょに狩に出かけ，女は部落の周辺で植物などを採集するという，性的役割分担がみられます．男たちが協力して狩をするために，地域集団を形成する必要があったと考えられています．チンパンジー同様，肉食もするというのが人類の特徴です．チンパンジーの雄たちも協力して獲物を追い詰めることがありますが，人類も大型の哺乳類を狩るために，複数の家族の男たちが協力する必要があったのでしょう．この協力＝利他行動はより多くの食物を手に入れることにつながりますから，協力しない利己的な個体よりもたくさんの子孫を残せたはずです．

家族はゴリラが，地域集団はチンパンジー・ボノボがもっている社会単位でした（図20・5）．では，人類の歴史においては，どちらが先だったのでしょうか？　ゴリラの家族どうしはお互いに避け合っていますが，肉食を始めた結果，それらが集まって協力する地域集団が形成されたのか，それともチンパンジー型の地域集団の中で次第に配偶関係が固定化・継続化して家族が形成されていったのか？　系統関係からいえば，チンパンジー・ボノボのほうが近いわけですから，人類の祖先はまず地域集団で生活していたと考えるのが自然でしょう．しかしその場合，家族が形成されるきっかけが何であったのかは，残念ながら，まだよくわかっていません．

21. 遺伝子と文化

　最後に「文化」について考えてみましょう．文化というと人間だけがもつもので，それこそ遺伝子とは関わりのないものと思われがちです．しかし，人間の体の細胞の中にも遺伝子DNAがありますから，遺伝子とまったく無関係に成り立つ文化などあるはずがないのです．

21・1　文化の起源
　動物にも文化がある，というとそれだけで反発を食らうことがあります．もちろん，「文化」とは何かを定義しておかないと，議論は混乱するばかりです．「人間に特有のもの」というような定義をしてしまうと，話はそれでおしまいになりますからつまりません．ここでは「遺伝的差異にもとづかない行動の地域差」というように定義してみましょう．

21・1・1　チンパンジーの道具使用
　このように定義すると，チンパンジーの地域集団にはそれぞれに独特のさまざまな文化が見つかっています．たとえば，木の枝や茎を使って釣りをする集団があります．釣りといっても魚を釣るのではなく，地中にすんでいるシロアリを釣り上げるのです．日本ではシロアリは木造建築の害虫として知られていますが，熱帯アフリカでは木の株を中心にして土の塚を作って，その中にトンネルを掘って暮らす種類がたくさんいます．雨季になると羽の生えたシロアリが交尾のために大量に塚から飛び出してきます．それらは人間もつかまえて食べています．脂がのっていて，軽くいためるとビールのつまみに最適です．さて，乾季の間は塚の表面は堅くて掘るのはたいへんです．そこでチンパンジーは，細い枝や茎を拾ってきて，塚に小さな穴を開けて，その「釣り竿」を差し込みます（図21・1左）．待つことしばし．そーっと竿を抜き取ると，侵入者に怒った兵隊アリが何匹も竿に嚙み付いて，ぶら下が

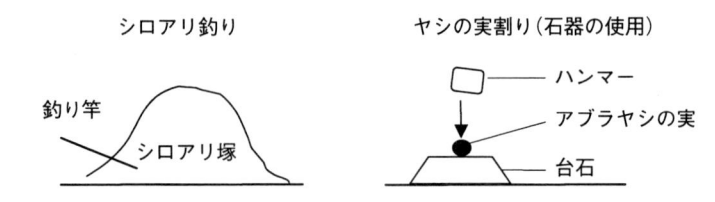

図 21・1　チンパンジーの道具使用

っています．それをいただくわけです．さらに，ただ落ちている棒を拾うだけではなく，枝から葉っぱをとりのぞいて，釣り竿を加工して使う集団もあります．道具の作製です．一方で，同じ種類のシロアリの塚があっても，まったく釣りをしない集団，つまり釣り文化をもたない集団もあるのです．

　西アフリカのある地域集団では石器を使うことが知られています．2つの石を使って，アブラヤシの実を割るのです．ヤシというと大きな実をつけるココヤシをまず思い浮かべるかもしれませんが，アブラヤシは小さな実をたくさんつけて，その名前通り，人間もヤシ油を絞って利用しています．チンパンジーはこのアブラヤシの種子を食べるのですが，その周りはクルミのような堅い殻に包まれていて，歯で噛み砕くのも困難です．そこで，平たい石の上にこのヤシの実を置いて，もう1つの石を手でにぎって，ハンマーにして殻をたたいて割るのです（図21・1右）．アブラヤシはあちこちにはえていますが，この石器を使用するのは今のところ，ただ1つの地域集団でしか観察されていません．さらに，その集団でも子供たちはうまく石器が使えません．練習することによって使えるようになるのです．

ニホンザルの「イモ洗い」文化

　ニホンザルでもずいぶん前に「イモ洗い」文化というのが見つかっています．日本では1950年代からニホンザルの社会の研究が開始されましたが，サルの群れに近付いて詳しい観察を行うために，餌付けが行われました．決

まった場所に毎日，イモや米を置いておくと，サルの群れが食べにくるようになるのです．宮崎県の幸島という島にすんでいる群れでも餌付けが行われました．あるとき，砂浜に置いてあったイモをとった1頭のサルが，それを水辺に持って行き洗ってから食べたのです．そして，その「イモ洗い」行動はやがてその群れ全体へと広がっていきました．ただし，これは文化の伝達ではなくて，自発学習の可能性もあると考えられています．一方，アライグマの場合は，どの地域にすんでいるアライグマでも食べ物を洗う行動がみられます．それは本能的な，遺伝子にプログラムされた行動です．

21・1・2 鳥や魚の文化

　鳥でも文化が知られています．イギリスのある地方で，毎朝配達されてくる牛乳瓶の蓋が何者かによって開けられ，ミルクが少し飲まれているという「事件」が発生しました．そこで犯人を探そうと朝早くから張り込みをしてみると，シジュウカラという小鳥が嘴でつついて蓋をあけ，嘴が届く範囲のミルクを飲んでいたのです．この被害はある地域から周辺へと広がっていきました．おそらく，ある1羽がたまたま牛乳瓶の蓋をつついてみたら蓋が開いて，中のミルクを飲むことができて，それに味をしめてくり返しているうちに，他の鳥がまねをしだし，次第にこの「文化」が広がっていったものだと考えられます．

　魚でさえ文化をもっているという報告もあります．サンゴ礁にすんでいる魚で，毎朝群れを作って餌場まで移動し，夕方になると寝場所までまた群れで戻ってくる種類がいます．この餌場までの移動ルートが群れごとに決まっており，それがそれぞれの群れの「文化」だというのです（図21・2）．ある群れの寝場所に他の群れから強制的に連れてきた魚を放してみると，群れの後をつけて餌場に到着し，また夕方いっしょに戻ってきます．何日かしてから，もともとの住人たちをすべて取り除き，強制移住者だけ残してみると，かれらはちゃんと同じルートを通って餌場に通うことができました．もし，

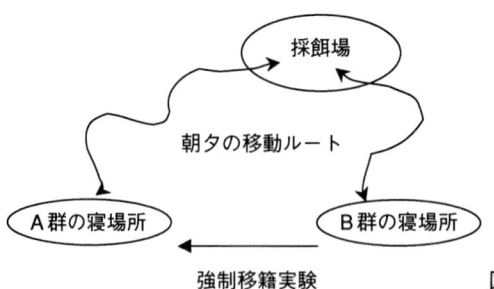

図 21・2　魚の群れの移動ルート文化

最初からもとの群れのメンバーをすべて除去していたら，もちろん強制移住者たちは餌場に通うことはできません．移動ルートというようなものは地形によって左右されますから，遺伝子にプログラムしておくのは不可能な事柄です．学習するしかないのです．それぞれの群れに新たに加入したメンバーは，先輩たちにしたがって移動ルートを学習するわけです．ですから，移動ルートはそれぞれの群れの「伝統的文化」だとみなすことができるのです．

このように，学習ができれば，地域ごとの伝統的行動＝文化は生じえます．どれだけの学習ができるかは，もちろん脳の大きさによってちがってきます．人間の脳はとびきり大型化して，多くの学習ができるような構造を備えています．ですから，人間は他の動物と比べて，格段に多様な文化を発達させているわけです．しかしそれは，他の動物との質的なちがいなのではなくて，あくまでも量的なちがいなのです．

21・2　人間の行動と適応度

さて今度は逆に，人間の行動がどこまで遺伝子によって支配されているのかについて考えてみましょう．ライオンの子殺しの話をはじめ，この本でとりあげたテーマのほとんどは，適応度の理論で進化的視点から説明できるものでした．はたして人間の行動も適応度で説明可能なのでしょうか？　この問題については1970年代の後半から1980年代にかけて，欧米では大論争がありましたが，そのきっかけとなったのはアメリカのハーバード大学のウィルソン（Wilson, E.O.）が出した本でした．

21・2・1 社会生物学と人間の本性

ウィルソンは昆虫の研究者として知られていましたが，1975年に『Sociobiology（社会生物学）』という大著を出版します．これはイギリスのオクスフォード大学のドーキンスが1976年に出版した『The Selfish Gene（利己的な遺伝子）』と並んで，社会生物学・行動生態学という適応度理論を前面に打ち出した分野の発展のきっかけになった本なのです．

この本の中でウィルソンは，この適応度（自分の遺伝子のコピー）を増やすような行動が進化していくという理論は，動物の1種である人間にも当然適用できると主張します．そして，人間について扱う諸科学，たとえば心理学，社会学，法学，経済学などは，すべてこの社会生物学の理論に統合されるとまで主張しました．そしてその本のサブタイトルに『The New Synthesis』（新しい統合）と付け添えたのです．ウィルソンはさらに詳しく説明するために『On Human Nature（人間の本性について）』という本も書き，人間のさまざまな性質，たとえばなぜ戦争をするのか，なぜ宗教が生まれたのか，等々の具体例をあげて，それが適応度理論でどのように説明できるかを解説しました．

────────────────────────────

同性愛の進化

具体的にウィルソンはどのような説明のしかたをしたのでしょうか．1つだけ例をあげてみましょう．同性愛というのはアメリカでは差別の対象になっていましたが，ウィルソンは「同性愛は異常なのか，不自然なのか？」と問いかけてみました．同性しか愛せないなら子は残せません．つまり，適応度はゼロです．したがって，「生物学的に」同性愛は異常な行動だ，と主張する人も実際にいたのです．しかし，たとえ少数派であったとしても，昔から世界中の人間の社会で同性愛が存在しています．それがなくならないのは，なぜでしょう．世界共通の「文化」なのでしょうか？　どの地域にも共

通してみられる性質であれば，むしろ遺伝的な基盤があると考えるほうが合理的です．そこでウィルソンは，同性愛に遺伝子が関与していると仮定して説明を試みました．自分自身の子供を作らなくても遺伝子のコピーを残していく方法はないのか？

　そうです．利他行動の進化のところで説明した血縁選択です．同性愛者が自分の兄弟など，血縁者を助けて，その子供を育てるのを手伝う傾向があるとすれば，ワーカーやヘルパーの場合と同じように，同性愛行動が進化のプロセスで残っていくことが説明できます．だとすると，同性愛は「生物学的に正常」な現象だということになります．現在では，同性愛が少なくとも一部は遺伝的な行動であることがわかってきています．ただし，同性愛のすべてが遺伝子によって決まるわけではなく，文化的な影響ももちろんあります．日本でも同性愛に対する社会の扱いは歴史的に変動しています．問題は，世界中の人間社会に共通してみられるということを，どうして説明できるかということなのです．

21・2・2　氏か育ちか：遺伝子か環境か

　このようなウィルソンの主張に対して激しい論争が起こりました．その内容については『社会生物学論争』（ブロイアー著）という本が中立の立場で紹介しています．反対派のポイントは，「遺伝決定論の復活」だからいけないというものでした．昔から「氏か育ちか」論争というのがありました．人間の性質は生まれつき遺伝的に決まっているのか，それとも生まれてからの環境，教育によって決まってくるのかという論争です．たとえば，知能指数（IQ）をめぐって激しい論争がありました．社会生物学の理論は適応度で説明しようというものですから，「遺伝決定論」の復活だと批判されたのです．（たとえば同性愛が）遺伝的かどうかわかっていないのに適応度理論で説明できると書けば，読者はなんでもかんでも遺伝的に決まっていると思い込んでしまう可能性がある．人間の性質やその個人差が生まれつき決まっている

という考えが広まったら，現状を追認するしかなく，社会をよくしていこうとする改革の足を引っ張ることになると，民主的な団体からも批判が出ました．

　遺伝決定論を徹底的に批判すると，その反対の極にある「環境決定論」に行き着きます．しかし，人間の性質が生まれてからの環境で決まる，教育次第でどうにでも変えることができるという考えも，明らかに誤りなのです．氏か育ちか，遺伝か環境かという二者択一論は，不毛な論争だったのです．遺伝子の働きのところでも説明したように，DNAに遺伝情報が蓄えられていたとしても，DNAはただの物質です．遺伝子だけで性質が決まるわけではなくて，DNAが体のどこの細胞にあり，その細胞がどんな環境条件にさらされているかによって，ある遺伝子が「発現」するかどうか，実際にその性質が現れるかどうかが決まるのです．環境と遺伝子がセットで，性質が決まるのです（図21・3）．

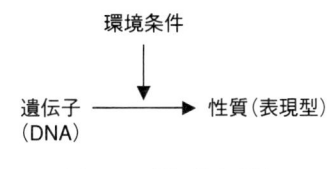

図21・3　遺伝子と環境

　ニンジンを切り分けて同じDNAをもったクローンを作るとき，その培養条件，水や光や肥料の量を変えてやると，見た目にまったく成長のしかたがちがう株を作れます．同じ遺伝子をもっていても，環境条件がちがえば，ちがう性質になるのです．一方，同じ環境で育てても，遺伝子が異なれば，異なる性質が発現します．どちらのケースもありうるのです．議論可能なのは，問題にしている性質の個人間の「違い」が，遺伝子のちがいにもとづくものか，環境のちがいにもとづくものか，ということだけです．一般論として，人間の性質が遺伝で決まるか，環境で決まるかという議論には何の意味もないのです．

　私たち人間の脳の大きさや構造がチンパンジーとちがうのは，もちろんDNAのちがいにもとづくものです．そのちがいはチンパンジーの祖先と別の道を歩み始めてから500万年の間に生じたものです．人間どうしを比べても，脳の大きさや構造には，わずかですが個人差があり，その原因が遺伝子

のちがいだというケースもあります．一方，同じ脳をもっていても，異なる環境・文化のもとで異なる学習をすれば，当然，異なる行動や性質を表すことになります．遺伝子を無視することはできないし，環境を無視することもできない，そこが肝心です．

21・3 遺伝子と文化

　ここで遺伝子と文化の関係をもう少し考えてみましょう．ドーキンスは『The Selfish Gene（利己的な遺伝子）』の最後の章で文化について扱っています．そこで彼は「meme（ミーム：文化伝達子）」という造語を提案して説明しています．これは，まねるという意味の mime に，遺伝子 gene（ジーン）の韻を踏んで作られた単語です．遺伝的性質は遺伝子（DNA 分子）という実体を渡すことによって次世代に伝わりますが，それをもじって，文化を伝える実体として（抽象的に）文化伝達子＝ミームというものを想定したわけです．より多くのミームのコピーを伝える文化が「進化」するというわけです．

　遺伝子は世代から世代へとしか，いわば垂直にしか伝達できません．一方，ミームは同世代間で水平に伝達することも可能です（図 21・4）．したがって，遺伝子よりも文化のほうが圧倒的に伝達スピードが速いのです．ですから，遺伝子に逆らうような性質を文化として広めることも可能です．たとえば，子供を作らないというのは遺伝子に逆らう行動です．血縁選択がある場合以外は，そういう適応度をゼロにするような行動は進化的に残りえません．ところが，人間は子供を作らないという主義で行動することができます．しかも，それなりの説得力のある理由をつければ，たとえば，「これ以上人口が増えると食料問題や環境汚染で人類が破滅してしまうから，しばらく子供を

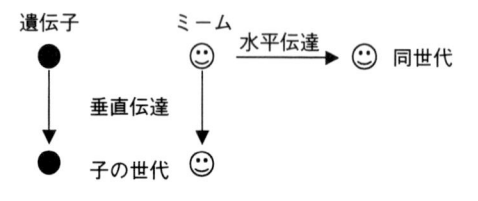

図 21・4　遺伝子とミームの伝達方法

作るのはやめましょう」と呼び掛ければ，この「子供を作らない主義」のミームを増やすことができるかもしれません．水平伝達が可能なのですから．

　しかし，一時的にそういう主義・主張が広まったとしても，長期的には遺伝子に負けます．世界の99％の人たちに「子供を作らない主義」のミームが広まったとしても，残りの1％が遺伝子にしたがって子作りに励めば，次の世代になったときに，残っているのは遺伝子にしたがって行動した人たちの子孫だけです．「子供を作らない主義」の人たちは子孫を残していないのですから．つまり，長期的にみると，適応度に逆らうような文化は進化的に安定ではありません．チンパンジーの石器使用やシロアリ釣りにしろ，シジュウカラの牛乳瓶の蓋開けにしろ，食物を効率よく手に入れることになるわけですから，その個体の適応度の上昇につながります．結果として適応度の上昇につながる文化だけが，長期的に安定して継続するのです．

遺伝子に操られないために

　文化は長期的にみると遺伝子に負けますが，個人は遺伝子に逆らえます．子供を作らないという主義も，赤の他人のために命を投げ出すという行為も，私たち人間は実行することができます．遺伝子がそのコピーを増やすために役立つ装置として進化させたはずの脳が，遺伝子に逆らう行動をとることを可能にしてくれているのです．理性は遺伝子に勝ちます．しかし，最後に注意しておきたいのは，「人間的」といわれる行動の大部分は，実は「動物的」と言い換えたほうがよい，遺伝子に操られた行動であるということです．

　たとえば，親の子供に対する愛情，それが欠けている人を非人間的と非難することがありますが，子に対する愛情は，「子の保護の進化」のところで説明したように，遺伝子にもとづく親の利己的な行動にすぎません．友情を大事にするというのも，地域集団で生活する人間にとって，互恵的利他主義

を採用することが自らの適応度をあげるからにすぎません．こんな言い方をすると，「身も蓋もない」と顰蹙を買ってしまいますが，そのことを理解しているかしていないかは，理性を働かせることができるかどうかということと深く関わっています．

　「罰則がないと，男というものは女を見ればレイプするものだ」というような発言をした代議士がいたそうですが，ふつうの男性は理性を働かせて相手のことを考えるからレイプなどしません．レイプはほかの動物にもみられますが，雄にとっては自分の子孫（遺伝子）を増やす1つの方法です．戦争のような極限状態になると，理性が働かなくなり，「遺伝子に操られて」敵国の女性をレイプするということが，頻繁に起こってしまうのです．あるいは，権力者が利己的に，あるいは血族のために，不正を働くという例は枚挙に暇がありません．遺伝子がそうふるまわせるのです．あるいは，金をもうけることしか頭にない人もたくさんいますが，金は人間社会では適応度の代名詞です．遺伝子に操られて金もうけに走ってしまうわけです．

　宗教はそのような遺伝子の暴走を防ぐ1つの手段です．しかし，宗教が広まるのも適応度と関係しています．自分では結論が出せないときに，教祖の言葉を「信じて」行動するというのは，いわば省エネになりますから，信じるという行為はなくなりません．教祖が，人々のためになることを理性的に実行できる人であれば，こんなにすばらしいことはありません．しかし，ただ信じるだけであれば，オウム事件をもち出すまでもなく，教祖が悪いことをしていても見破れないということが起こってしまいます．それに対して，科学とは「疑う」ことです．なぜそうなんだろう？　はたしてその説は正しいのだろうか？…　遺伝子に操られないようにするには，科学的な理性をもって疑い続けるしかないでしょう．

＜各章の復習問題＞
（問題番号は章番号に対応しています）

1. 生命とは何か？　生物として最低限必要な条件を3つあげよ．
2. 地球において最初の生命はどのようにして誕生したのか？　また，地球以外の星に生物が存在する可能性はあるか？
3. できたばかりの地球の大気中には酸素 O_2 がほとんどなかった．その後，酸素はなぜ増加したのか？　また，酸素の増加が地球上の生物に及ぼしたおもな影響を3つあげよ．
4. 異なる生物どうしの種間関係を3タイプに分け，それぞれの例をあげよ．
5. 中生代に多様化した恐竜は，約 6500 万年前に絶滅してしまった．この絶滅の原因はなにか？
6. DNA の分子構造と遺伝子としての働きとの関係を説明せよ．
7. 受精卵から体細胞分裂によって増えた各細胞は同じ DNA をもっている．それにもかかわらず，異なる構造と機能を示すのはなぜか？
8. 生物の進化において，突然変異と自然選択はどのように関係しているのか？
9. ライオンやチンパンジーなどの雄はなぜ子殺しをするのか？　それが起こる社会的状況を述べ，子殺し行動の進化のしくみを説明せよ．
10. 条件付き戦略と代替戦略のちがいを述べよ．
11. 分子時計とはなにか？
12. 有性生殖と無性生殖のちがいを述べよ．
13. なぜ2つの性が必要になったのか？
14. 環境ホルモンとはなにか？　水俣病の原因と比較しつつ，その作用の相違点を述べよ．
15. 多くの動物では繁殖世代における性比は1対1である．なぜ1対1の性比が進化しやすいのか？　また，極端にかたよった性比をもつ動物の例をあげ，その理由を説明せよ．

16. クジャクの雄は雌よりも派手な色彩をしている．なぜこのような性差が進化したのか？
17. 親はなぜ子の世話をするのか？　また，魚類では母親による子育てが少ないのはなぜか？
18. アリやミツバチには，雌であるのに産卵しないワーカー（働きアリ，働きバチ）が存在する．なぜ，自分の子を残さないのにワーカーの性質が代々伝わっていくのか？
19. 攻撃行動の進化をゲーム理論で説明せよ．
20. 大型類人猿を3種あげ，それらの社会と人類社会との共通点を述べよ．
21. 遺伝子と適応度と文化はどのように関わっているか？

参 考 書

●生物学全般

『ウォーレス現代生物学　上，下』　Wallace, R. A. ほか（石川　統ほか訳），東京化学同人，1992

『生物学辞典　第4版』　岩波書店，1996（CD-ROM 版，1998）

第1部　なぜ地球に生物がいるのか？

『地球と生命の起源』　酒井　均，講談社，1999

『生命は RNA から始まった』　柳川弘志，岩波書店，1994

『ミトコンドリアはどこからきたか』　黒岩常祥，日本放送出版協会，2000

『生命と地球の共進化』　川上紳一，日本放送出版協会，2000

『熱帯雨林』　湯本貴和，岩波書店，1999

第2部　なぜ生物は進化するのか？

『あなたのなかの DNA』　中村桂子，早川書房，1994

『はじめての進化論』　河田雅圭，講談社，1990

『利己的な遺伝子』　Dawkins, R.（日高敏隆ほか訳），紀伊國屋書店，1991

『動物の社会：社会生物学・行動生態学入門（改訂版）』　伊藤嘉昭，東海大学出版会，1993

『魚類の繁殖戦略 1, 2』　桑村哲生・中嶋康裕 編，海游舎，1996，1997

『DNA 人類進化学』　宝来　聰，岩波書店，1997

第3部　なぜ性が必要になったのか？

『オスとメス＝性の不思議』　長谷川眞理子，講談社，1993

『女と男・愛の進化論』　Batten, M.（青木　薫 訳），講談社，1995

『赤の女王：性とヒトの進化』　Ridley, M.（長谷川眞理子訳），翔泳社，1995
『環境ホルモンを考える』　井口泰泉，岩波書店，1998
『エイズの生命科学』　生田　哲，講談社，1996
『わかりやすい遺伝子工学』　半田　宏 編著，昭晃堂，1997

第4部　なぜ利他的にふるまえるのか？
『性選択と利他行動』　Cronin, H.（長谷川眞理子訳），工作舎，1994
『魚の子育てと社会』　桑村哲生，海鳴社，1988
『生物の社会進化』　Trivers, R.（中嶋康裕ほか訳），産業図書，1991
『進化と人間行動』　長谷川寿一・長谷川眞理子，東京大学出版会，2000

索　引

欧　字

ADP（アデノシン2リン酸）　15
ATP（アデノシン3リン酸）　14, 15
DDT　107
DNA（デオキシリボ核酸）　1, 35, 53, 161
HIV　100
Homo sapiens　81
mRNA（メッセンジャーRNA）　38, 40
RNAウイルス　100
RNAワールド　43
tRNA（トランスファーRNA）　42

ア

挨拶行動　151
アゲハタマゴバチ　112
アデニン　35
アブレ雄　68, 109
アミノ酸　6, 38
アリ　133
アンチコドン　42
アンドロゲン　106

イ

異形配偶子　99
異所的種分化　75
異性間淘汰　116

一妻多夫　130
一夫一妻　71, 129, 153
一夫多妻　61, 68, 117, 130, 146, 153
1本鎖ポリヌクレオチド　42
遺伝暗号　38, 44
遺伝決定論　160
遺伝子　1, 35, 48, 158, 161, 162, 163
　――組換え　89
　――発現　47
遺伝情報　37
遺伝的性決定　103
遺伝的多様性　94, 98
遺伝的浮動　79
遺伝の法則　50
遺伝病　90
イリジウム　31
インシュリン　89
隕石　8, 31
インフルエンザウイルス　100

ウ

ウイルス　87, 96, 97
ウィルソン　158
産み分け　104
ウラシル　41

エ

エイズ　100

栄養段階　18
エストロゲン　106, 108
塩基配列　37, 44, 53

オ

オオシモフリエダシャク　51
雄間競争　115
オゾン層　16
オペレーター　46
オペロン説　45
オランウータン　82, 146
温室効果　32, 34
温暖化　32, 34

カ

科　81
化学エネルギー　12, 14
化学合成　13
核酸塩基　35
学習　158
学名　81
化石　26, 75
　――人類　83
　――燃料　33
家族　147, 153
カブトムシ　115
ガラパゴス諸島　57
感覚便乗説　120
環境　48, 52, 55, 97, 105, 114, 161
　――決定論　161

——性決定　105
——の変化　31,33,53
——ホルモン　107
環状DNA　21,85,88
感染　88

キ

寄生　98
寄生虫説　119
擬発情　150
木村資生　78
逆転写　44
——酵素　101
共生　20,25
——藻　22
——体　23
競争　18
恐竜　28,30
協力　139
魚類　127,128,130
近親交配　112

ク

グアニン　35
クジャク　114
組換えDNA　89
クローン　86,92

ケ

系統　78
血縁者　133
血縁選択　133,137,150,160
血縁度　133,134
血縁淘汰　133

ゲームの利得表　140
ゲーム理論　139
原核細胞　20
原核生物　45,85
嫌気性細菌　14
減数分裂　92,94,96

コ

好気性細菌　21
攻撃行動　139
光合成　11
硬骨魚類　127
交叉（交差）　93,94
酵素　4,39
——タンパク質　4
行動生態学　66,67,159
交尾行動　151
呼吸　3
コクホウジャク　116
互恵的な利他行動　138
子殺し　59,61,149,150
古細菌　13
コスト　70,96,121,124,129,131
古生代　28
古生物学　75
個体維持　61
コドン　38
子の保護　123,125
ゴリラ　82,146,154
コロニー　132
混合戦略　143

サ

細菌　5,85,97
——兵器　90

最適戦略　67,141
細胞　2
——小器官　21,40
——内共生　20
——分化　48
——膜　3,87
雑種　76,77
サバンナ　152
左右対称性　120
サンゴ　22
酸素　13,14,16
——呼吸　14,15

シ

紫外線　7,16
自己欺瞞　151
自己複製　1,2,36,43
シジュウカラ　157
自然選択　55,56,59,79,114,116,141
——説　66
自然淘汰　56
次善の策　64,137
シトシン　35
自発学習　157
社会性昆虫　133
社会生物学　66,67,159
種　81
——の起源　56
——分化　75,78,152
重層構造　153
従属栄養　12
雌雄の対立　125
種間競争　18
受精　92,96,98
——卵　93,98

主染色体 86
種族維持 61
種族繁栄論 62,65,70,109,112,141,143
受容タンパク質 47,106
狩猟採集生活 152
条件付き戦略 69,73,143
女王バチ 132
食物網 18
食物連鎖 18,33,34
シルバーバック 146
シロアリ 22,133,155
人為選択 57
進化 1,51,162
——的に安定 141
真核細胞 20
真核生物 27,40,46,49,91,92
新生代 28
人類 81,151,152

ス

垂直伝達 162
水平伝達 162
スニーカー 73

セ

性 86,98,114
——感染症 100
——染色体 103
——選択 114
——的役割分担 153
——転換 69,71,105
——同一性障害 104
——淘汰 114

——比 109,112
——ホルモン 107
精子 92,98,99,115
——数 107,108
生殖隔離 75,76
生存率 124
生態系 12,17,33
生体濃縮 34
生命の起源 5
脊椎動物 27
セクシーな息子 120
石器 156
接合 86,98
絶滅 26,30
先カンブリア代 26
染色体 47,76,77
選択圧 114,116
潜伏 88

ソ

掃除共生 24
増殖 86
——率 97
創造説 57
相同染色体 49,91,94,134
属 81

タ

ダイオキシン 34,107
体外受精 127,128,131
体細胞分裂 91
代謝 3
代替戦略 72,73,111,139
大腸菌 23,45,85

体内受精 126,127
大陸移動 28,76
対立遺伝子 49,94
ダーウィン 56,66,114
タカ・ハトゲーム 139
多細胞 27
——生物 48,91
多様化 30,78
多様性 96
単為発生 104
単細胞 27,85
タンパク質 4,6,9,38,42,80,87
——合成 40

チ,ツ

地域集団 148,153,156
地質年代 26
チミン 35
中生代 28,30
虫媒花 23
中立説 78,79
中立突然変異 79
超大陸 30
重複寄生 113
鳥類 126,129
地理的隔離 75
チンパンジー 82,148,150,154,155
対合 93

テ

デオキシリボ核酸 35
デオキシリボース 35
適応度 58,63,64,65,67,70,73,79,110,113,

118, 123, 141, 142, 158, 163, 164
転写 41, 46, 48
テンナンショウ 105

ト

道具使用 155
同形配偶子 98
同時的雌雄同体 105
同種殺し 62
同所的種分化 76
同性愛 159
同性間競争 115
同性間淘汰 115
動物行動学（エソロジー） 61
ドーキンス 123, 162
独立栄養 12
突然変異 2, 53, 58, 76, 97, 141
トレードオフ 73, 124

ナ

内分泌攪乱化学物質 107
内分泌系 106
内分泌腺 106
なわばり 19, 67, 72, 130, 148
　　――訪問型複婚 130
軟骨魚類 127

ニ

肉食 147, 153
二酸化炭素 33
二次性差 114

二重らせん 35, 44
2足歩行 152
2分裂 85, 97
2本鎖ポリヌクレオチド 36
ニホンザル 148, 156
乳酸発酵 14
任意交配 113
人間 146, 149, 155, 158, 161
　　――的 163

ヌ, ネ, ノ

ヌクレオチド 36
熱水噴出孔 8
農耕 152
乗っ取り 60, 61
ノニルフェノール 107

ハ

配偶子 92, 99, 115
配偶システム 129
配偶者選択 77, 115, 116
倍数化 76, 77
バクテリア 5
バクテリオファージ 88
働きバチ 132
発情 63, 149
ハヌマンラングール 61
ハミルトン 133
繁殖成功 68, 130, 137
ハンディキャップ説 119
半倍数性 104
半保存的複製 37

ヒ

比較形態学 78
光エネルギー 11, 12
非血縁者間の利他行動 137
ヒストン 47
ビスフェノールA 108
ヒト科 82
表現型 39, 48, 53, 54
頻度依存淘汰 74, 111

フ

父系的 148, 150
父性の信頼度 128
2つの性 98
ブドウ糖 12, 14
プラスミド 86, 98
ブルーギル 72
プレートテクトニクス 28
プロファージ 88
プロモーター 46
フロリダヤブカケス 136
文化 155, 157, 159, 162
分岐的種分化 75, 77
分子系統樹 82
分子進化 78
分子時計 78, 80, 83

ヘ

平衡頻度 142
別種 75
ヘルパー 137

ホ

包括適応度　134, 137
母系的　60, 148
哺乳類　28, 32, 126
ボノボ　82, 148, 150
ポリヌクレオチド　36, 44
ホルモン　106
ホンソメワケベラ　24, 67

ミ

未受精卵　104
ミツバチ　104, 132, 135
ミトコンドリア　21
水俣病　34
ミーム　162

ム

無機物　6
無酸素呼吸　14
無性生殖　85, 89, 91, 96

メ

雌の好み　118

免疫細胞　101
メンデル　50

ユ

有機水銀　34
有機物　6, 7, 9, 11
有性生殖　86, 92, 94, 96, 109
優性の法則　49

ヨ

良い遺伝子　118
溶菌　88
葉緑体　21
抑制タンパク質　46

ラ

ライオン　59
ラクトース分解酵素　45
ラバ　76
ラミダス猿人　83, 151
卵　92, 98, 99, 114
乱婚　148
らん藻　11, 17, 21
ランナウェイ説　120

リ

利己的な遺伝子　123, 162
利他行動　123, 132, 153, 160
リボース　41
リボソーム　40
両性花　105
リン酸　15, 35

ル, レ, ロ

類人猿　82, 146
レギュレーター　46
レック　131
劣性遺伝子　55
ローレンツ　61

ワ

ワーカー　132, 137
ワニ　105, 107

著者略歴

桑村　哲生
（くわ　むら　てつ　お）

1950 年　兵庫県に生まれる．
京都大学大学院理学研究科動物学専攻博士課程修了．理学博士．
専攻は社会生物学，魚類行動生態学．中京大学教養部講師，助教授，教授を経て，現在同国際教養学部教授．1999-2002 年日本動物行動学会会長．2016-2017 年日本魚類学会会長．
著書に『魚類の繁殖戦略 1，2』（共編著，海游舎），『魚類の社会行動 1』（共編著，海游舎），『性転換する魚たち―サンゴ礁の海から―』（岩波書店），『子育てする魚たち―性役割の起源を探る』（海游舎），『魚類生態学の基礎』（分担執筆，恒星社厚生閣），『サンゴ礁を彩るブダイ―潜水観察で謎をとく』（恒星社厚生閣），『魚類行動生態学入門』（共編著，東海大学出版会），『魚類学』（共編著，恒星社厚生閣）など．

生命の意味　―進化生態からみた教養の生物学―

2001 年 11 月 10 日　第 1 版　発 行
2008 年 3 月 20 日　第 8 版　発 行
2018 年 2 月 25 日　第 8 版 8 刷発行

検印
省略

定価はカバーに表示してあります．

著作者　　桑村　哲生
発行者　　吉野　和浩
発行所　　東京都千代田区四番町 8-1
　　　　　電話　　東京 3262-9166（代）
　　　　　郵便番号 102-0081
　　　　　株式会社　裳　華　房
印刷所　　株式会社　真　興　社
製本所　　株式会社　松　岳　社

増刷表示について
2009 年 4 月より「増刷」表示を『版』から『刷』に変更いたしました．詳しい表示基準は弊社ホームページ
http://www.shokabo.co.jp/
をご覧ください．

社団法人
自然科学書協会会員

JCOPY　〈(社)出版者著作権管理機構　委託出版物〉
本書の無断複写は著作権法上での例外を除き禁じられています．複写される場合は，そのつど事前に，(社)出版者著作権管理機構（電話03-3513-6969，FAX03-3513-6979, e-mail: info@jcopy.or.jp）の許諾を得てください．

ISBN 978-4-7853-5048-2

© 桑村哲生，2001　　Printed in Japan

シリーズ・生命の神秘と不思議
海のクワガタ採集記 －昆虫少年が海へ－

太田悠造 著　四六判／160頁／定価（本体1500円＋税）

ウミクワガタ——その姿は甲虫のクワガタムシによく似ていますが、昆虫ではなく海に棲んでいる甲殻類の仲間で、エビのような尻尾があります。この不思議で奇妙な動物に、昆虫少年であった著者はどのように魅了され、そしてどのような日々を過ごしながら研究を営んでいるのでしょうか。
　研究者の実情を赤裸々に語りながら、ウミクワガタの魅力に迫ります。
【主要目次】1. エビやカニは、甲殻類のほんの一部　2. 海のクワガタ採集記　3. 見過ごされた動物を研究する

シリーズ・生命の神秘と不思議
プラナリアたちの巧みな生殖戦略

小林一也・関井清乃 共著　四六判／180頁／定価（本体1400円＋税）

体を細かく切っても、それぞれが一人前に再生する現象がよく知られるプラナリアの仲間は、無性生殖と有性生殖とを転換したり、特異な交尾行動をするなど、ちょっと変わった生殖戦略をもっています。本書は、このプラナリアたちの生き残りのための、巧みで不思議な生殖戦略をわかりやすく紹介します。
【主要目次】1. プラナリアとはどんな動物？　2. さまざまな動物からわかってきた「生殖」に関する共通の考え方　3. ウズムシの有性生殖と無性生殖　4. ウズムシの栄養生殖型無性生殖と有性生殖との間の転換現象　5. ヒラムシ、マクロストマムの生殖行動　6. プラナリアの生き残り作戦から考える

新・生命科学シリーズ　動物の性

守　隆夫 著　Ａ５判／２色刷／130頁／定価（本体2100円＋税）

爬虫類の温度に依存する性決定や、キンギョハナダイの性転換、ボネリムシの性決定、ミツバチの半倍数性の性決定の話など、さまざまな動物における性の決定機構を紹介しながら、不思議な性分化の仕組みを解説します。
【主要目次】1. 性とは何か　2. 性の決定　3. 遺伝子型に依存する性決定　4. 各種の因子による性の決定　5. 性決定の修飾あるいは変更　6. 性分化の完成

新・生命科学シリーズ
動物の生態 －脊椎動物の進化生態を中心に－

松本忠夫 著　Ａ５判／２色刷／196頁／定価（本体2400円＋税）

本書では、動物の"生態"＝"個体や集団レベルにおける生きざま"をできるだけわかり易く説明することを目指しました。私たち人間が含まれる脊椎動物を中心にとりあげ、また著者の長年研究対象としてきた昆虫類を加えて、「進化生態」「無機的環境」「生物間関係」「適応放散」などをキーワードに据えて解説します。
【主要目次】1. 動物の特徴、生物進化史における位置　2. 脊椎動物の生活とその進化　3. 無機的環境に対する適応　4. 食物獲得　5. 繁殖生態　6. 個体間の関係　7. 種間関係　8. 社会性の進化　9. 適応放散と地理的分布　10. 人間と動物の関係

裳華房ホームページ　https://www.shokabo.co.jp/